BASICS

GLASS CONSTRUCTION

유리 구조의 기초

BASICS

GLASS CONSTRUCTION

유리 구조의 기초

Andreas Achilles · Diane Navratil 저

양원영 옮김

Spacetime

차례 CONTENTS

\\ 머리말_ 7

\\ 0. 서론_8

\\ 1. 건축 자재로서의 유리_9
\\ 1.1 유리 생산_9
\\ 1.2 기본 제품_9
\\ 1.3 프로세스 및 마감_12
\\ 1.4 지붕구조_19

\\ 2. 특수 목적 유리_21
\\ 2.1 단열 유리_21
\\ 2.2 태양광 조절 유리_24
\\ 2.3 방음 유리_27
\\ 2.4 내화 유리_28
\\ 2.5 특수 목적 보안 유리_30
\\ 2.6 통합기능 단열 유리_31
\\ 2.7 특수 기능 레이어_35

\\ 3.디자인 유리_36
\\ 3.1 장식 유리_36
\\ 3.2 간유리_37

\\ 4.시공과 조립_42
\\ 4.1 일반사항_42
\\ 4.2 선형지지 공법_42
\\ 4.3 유리와 프레임_43
\\ 4.4 포인트 마운팅 지지 공법_47
\\ 4.5 유리 조인트와 유리 코너_52
\\ 4.6 SSG (Structyral Sealant Glazing_53

\\ 5.적용_57
\\ 5.1 수직시공_57
\\ 5.2 개구부_59

\\ 5.3 낙하방지 시공_63
\\ 5.4 오버헤드 시공_65
\\ 5.5 보행량 제한 및 무제한 유리_67
\\ 5.6 프로파일 유리_68
\\ 5.7 유리 지지 구조_71

\\ 6. 결론_75

\\ 부록_76
\\ 규격_76
\\ 참고문헌_78
\\ 그림출처_79

머리말

가장 매력적인 건축 자재 중 하나인 유리는 공간을 시각적으로 연결하면서도 물리적으로 분리시킨다. 유리는 완벽한 투명성과 개방성을 가진 것부터 파사드를 밀폐분리 시키는 반사 유리에 이르기까지 다양한 범위를 아우른다. 이런 다양성으로 인해 건축 디자인에서 유리는 더욱 특별해진다.

순수한 형태의 유리는 조심스럽게 다뤄야하는 자재이다. 매우 쉽게, 때로는 예기치 않게 깨지고 기계적 응력에 민감하다. 유리처럼 개발을 위한 훌륭한 잠재력이나 사용가능한 다면적인 스펙트럼을 제공하는 건축 자재가 없다 해도 과언이 아니다. 방탄 유리와 구조재로서의 전면유리 개발 등이 계속되고 있다.

건축 자재로서의 유리 사용은 항상 기술과 가능성의 결합이다. 다양한 유리의 특성, 유리 구조의 부품과 부재, 재료의 한계에 대한 지식은 건축가로 하여금 이 재료 사용의 창조적인 해답을 찾게 해줄 뿐만 아니라 현재의 한계를 뛰어넘게 한다.

유리구조의 기초에서는 시공을 기본으로 독자에게 유리의 특성과 건축 자재로서의 가능성에 대한 이해를 돕는다. 건축 자재의 지식을 고양하고 복합 구조와 적용성을 높힘으로써 학생들은 건설산업의 표준화된 방법론을 뛰어넘는 그들만의 창의적 해법을 고민하게 될 것이다. 유리 구조의 눈부신 발전은 재료에 대한 학문적인 연구 뿐만 아니라, 도전과 새로운 개발, 적용을 위한 자극을 제공하는 건축가의 획기적이고 색다른 디자인에 의한 결과이다. "유리구조의 기초" 편의 목적은 학생들에게 자신의 디자인을 위한 가능성을 탐험하고, 새로운 어프로치를 개발하는데 있어 유리 지식 활용의 영감을 주는데 있다.

베르트 비엘레펠드, 편집자

0. 서론

몇몇 다른 재료들과 마찬가지로 유리는 단순한 기능을 초월하는 상징성 뿐만 아니라, 특별한 매력을 가지고 있다. 고딕시대의 유리창은 초월성의 감성을 불러 일으키기 위해 의도적으로 빛을 디자인한다. 모더니즘 건축적 시각에서 이 투명한 재료는 유리가 이론적 접근에 따라 다른 역할을 함에도 불구하고 매우 중요하다. 유리는 거의 보이지 않는 외피와 그로 인한 개방성을 허락하는 투명성 뿐만 아니라, 우아하고 각진 화려한 성질이 있다. 비교적 작은 창문에 끼우는 충전재의 역할에서 해방된 유리는 자주적인 부재로 성장한다. 그러나, 유리는 에너지 절약과 시공의 물리적 요구사항에 대한 무시라는 관점에서 문제를 안고 있었다.

오늘날은 에너지 절약을 위한 해결책이 제시되고 있고, 효과적인 단열과 일조 조정을 가능하게 한 유리의 발전을 통해 유리는 고성능 자재로 인정받게 된다. 기능적, 디자인적인 요구사항을 모두 만족시키는 유리는 적용범위를 새롭게 넓혀가고 있다.

그러나, 유리가 제공하는 모든 가능성에도 불구하고 잊지 말아야 할 것은 유리가 매우 불안정한 재료라는 점이다. 유리는 특정 지점에 과도한 압력을 받게 되면 예고 없이 갑자기 깨진다. 이는 재료의 성격에 대한 정확한 지식과 유리구조의 설계와 현장 적용에 있어 주의를 요구하게 된다.

이 책은 학생들에게 단계적으로 건축 자재료서 유리의 기초와 유리 구조를 소개한다. 처음 세개의 장에서는 현대 유리 종류의 다양성과 특성 및 유리 시공을 위한 가장 중요한 원리와 다른 적용 범위 및 제약에 대해 다루고 있다. 기술적인 기본 원칙을 원리와 예제를 중심으로 알기 쉽고 구조적인 방법으로 설명하다. 학생들이 현재 기술 수준의 전반에 대해 이해하고 건축 자재로서 유리를 사용하는 프로젝트를 설계하고 아이디어를 현실화하는데 도움이 되길 바란다.

1. 건축 자재로서의 유리

1.1 유리 생산

구성요소
Composition

유리는 실리카(SiO2)와 소량의 소다(Na2CO3)의 혼합물을 가열하여 생성된다. 소다는 실리카의 높은 녹는 점(약 1700℃)을 낮추는 용제(flux)역할을 한다. 1100℃ 이상에서 녹는 물질은 무정형 – 즉 결정이 형성되지 않는– 상태이다. 유리는 액체상태와 같은 구조를 나타내고 있기 때문에 과냉각 액체라고도 불린다. 〉표 1

유리의 종류
Types of glass

건축에서 가장 일반적으로 쓰이는 유리는 소다 라임(soda-lime) 유리이다. 소다 라임 유리의 주요 구성 물질은 실리카(SiO2), 석회(CaO), 산화나트륨(Na2O)이다. 붕규산 유리는 석회 대신에 산화붕소(B2O3)를 포함하고 있어 화학적, 열적 안정성이 높아 내열 유리로 많이 사용된다. 산화납(PbO)을 포함하는 납 유리도 있다. 특수 유리는 주로 광학기기로 사용된다. 유리 세라믹은 최근들어 건물 파사드에 사용되기 시작하고 있다. 아크릴 유리나 폴리카보네이트와 같은 투명 합성 유리는 미네랄 유리보다 가볍고 다루기 쉽다. 그러나 표면 경도가 낮아 스크레치가 생기기 쉽고 내구성이 떨어지는 단점이 있다.

1.2 기본 제품

고온의 상태에서 생산되었거나 곧바로 냉각된 유리제품은 일반적으로 기본 제품이나 기본 유리라고 부른다. 다양한 종류의 기본 유리가 건축에서 활용되고 있다. 매끈한 표면의 평판유리뿐만 아니라 특수 표면이나 형태의 유리도 사용된다. 기본 유리는 추가적인 처리나 마감 공정을 거치기도 한다. 〉가공 및 마감 참조

표 1:
유리의 구성요소 (EN 572, part 1)

실리카	SiO_2	69 - 74%
석회	CaO	5 - 12%
산화나트륨	Na_2O	12 - 16%
산화마그네슘	MgO	0 - 6%
산화알루미늄	Al_2O_3	0 - 3%

건축에서 쓰이는 기본 유리 종류와 생산 방법을 설명하도록 하겠다.

(1) 플로트 유리

플로트 공법
Float method

플로트 유리는 가장 널리 사용되는 기본 유리이다. 플로트라는 명칭은 공정 과정에서 붙여진 이름이다. 플로트 공법은 1960년에 개발된 공법으로 최초로 거의 평면에 가까운 맑고 투명한 유리의 대량생산이 가능해졌기에 판유리 생산 역사의 마일스톤이 되었다.

생산은 배치(batch)라고 불리는 원자재를 화로에서 녹이는 작업부터 시작한다. 다음은 녹은 유리물을 금속 용융주석(molten-tin)위로 흘러보낸다. 유리물의 비중이 낮기 때문에 유리물은 주석 위에 뜨게 된다. 이로 인해 평판 표면이 형성되게 된다. 이 공정은 천천히 경화하는 긴 유리띠를 생산하고, 유리판의 두께는 주석수조가 당겨지는 속도에 의해 결정된다. 주석수조를 통과한 후, 유리띠는 냉각 존을 거쳐 마침내 판형으로 절단작업을 마친다. 〉 그림 1

규격 포맷은 600×321 cm 이다. 기준 또는 호칭 두께는 2, 3, 4, 5, 6, 8, 10, 12, 15, 19 mm이다.

(2) 창유리

창유리라는 용어는 잘못된 측면이 있다. 왜냐하면 요즘에는 대체로 플로트 유리가 창문에 사용되고 있기 때문이다. 창유리는 현재 압연 유리 시설에서 개별적으로 생산되고 있다. 압연 유리 시설에서 유리띠는 수평압연 또는 수직압연된다. 오늘날 이 공정은 특별한 종류의 유색유리 또는 매우 얇은 유리와 같은 특수유

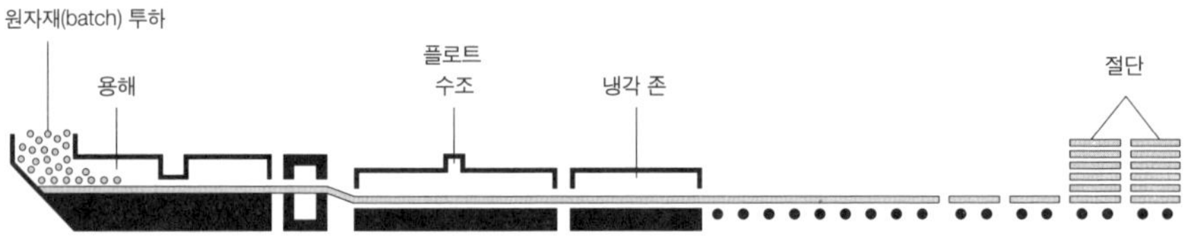

그림 1:
플로트 공정 다이어그램

그림 2:
장식 유리

그림 3:
프로파일 유리

리 생산에 사용되고 있다. 표면의 질은 플로트 유리보다 떨어지며 줄무늬가 보이기도 한다.

(3) 주조 유리

압연 공법
Rolling method

주조 유리는 두개의 수냉 롤러 사이에서 긴 띠형태로 롤링 공정을 거쳐 생산된다. 조각 장식 롤러는 유리띠 표면구조를 만든다. 철망 유리나 장식 철망 유리를 생산하기 위해서는 철망을 유리사이에 넣어 롤러를 통과시킨다. 주조 유리는 구조나 장식 표면으로 인해 장식 유리라고도 불리우며, 간막이벽이나 조망이 필요없거나 요구되지 않는 파사드에 사용된다. 〉 장식 유리 참고

(4) 프로파일 유리

프로파일 유리는 주조유리와 비슷한 공정을 거친다. 표면 구조 뿐만 아니라 구조적인 잇점이 있는 단면(U-profile)이 주어져 어느 정도의 스팬이 확보된다. 〉 그림 3

프로파일 유리는 경제적이기 때문에 공장 건물의 외벽에 사용되어 왔으며, 현재는 매우 인기있는 건축 자재가 되었다. 〉 적용, 프로파일 유리 참고

그림 4:
유리 블럭

(5) 압형 유리

유리 벽돌
Glass bricks

압형 유리는 유리 벽돌, 유리 천장 타일, 콘크리트 유리의 일반용어이다. 압형 유리는 두 개의 유리를 압축, 융합하여 만들어 진다 (압형 공법). 냉각 시, 유리 벽돌 사이의 빈 공간에 있는 공기는 저압이 되어 결로 발생이 불가능하다. 유리 벽돌은 실내에 주로 사용되거나, 반투명 외벽으로 활용된다. 건축 유리는 구조 하중을 잘 견딜 수 있기 때문에 철근콘크리트 구조에서 주로 사용된다. 〉 그림 4

1.3 프로세스 및 마감

기본 유리의 대부분은 제작 후 형태와 모양 뿐만 아니라 물리적, 구조적 성질 변화를 수반하는 후처리 및 마감 공정을 거친다. 마감 공정 범위는 기계적, 열적 처리에서 표면 코팅 및 설계까지 다양하다.

(1) 기계적 처리

절단, 천공, 갈기, 연마 등의 공정은 일반적으로 기계적인 처리 또는 기계적 마감으로 분류한다.

절단
Cutting

유리는 요구사항에 따라 절단한다. 그러나 실제 절단은 아니다. 절단바퀴나 다이아몬드는 아주 살짝 유리 표면에 금을 내고, 그 선을 따라 구부려 부러뜨리는 식으로 절단이 이루어진다. 플로팅 기계이서 바로 나온 유리는 규격 (600×321 cm)대로 절단되고, 마감 공정에서 최종 크기로 절단된다. 절단과 후처리는 주로 기계로 이루어진다. 복잡한 형태는 워터 젯 절단기를 사용하여 매우 정확하게 절단이 가능하다. 수압 6000 bar 이상의 고압 워터 젯과 연마재를 사용하여 절

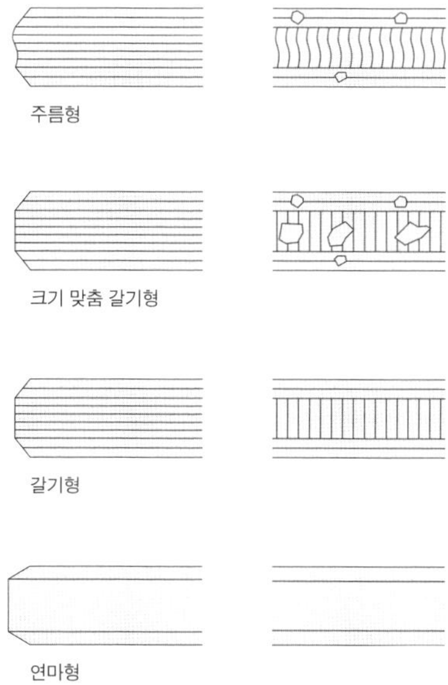

그림 5:
유리 모서리

단을 수월하게 한다.

모서리 처리
Edge treatments

절단 직후 유리 모서리는 여전히 날카롭기 때문에 상해를 예방하고 가공 과정의 일환으로서 모서리 처리가 필수적이다. 모서리 처리는 다음 그림과 표처럼 구별된다. 〉 그림 5와 표 2

\\ 참고:
모서리 처리는 유리판의 광학적 질 뿐만 아니라 안정성에도 영향을 준다. 불규칙하고 날카로운 모서리는 크랙이나 쉘 등 유리 파손을 증가시킨다. 따라서 모서리 처리의 종류는 공사 계약이전에 결정되어야 한다. 패턴을 사전에 결정해야 하는 경우도 있다.

표 2:
모서리 처리

용어	정의
절단	판유리 절단의 결과로서 날카로운 둘레의 모서리 처리 이전 상태
주름형	그라인딩 도구를 사용하여 부드럽게 만든 모서리 처리
크기 맞춤 갈기형	원하는 크기에 맞게 갈아서 마무리한 모서리 처리. 모서리가 완벽하게 매끈하지 않을 수 있다.
갈기형	모서리 전체를 세미매트 마감으로 갈아서 마무리한 모서리 처리. 모서리가 완벽하게 매끈하다.
연마형	갈기형을 연마하여 마무리한 모서리 처리

천공
Boring

현대 유리 구조의 다양한 적용을 위해 유리에 천공이 필요하게 되었다. 이런 구멍은 유리판을 이 지점에서 결합할 수 있게 한다. 유리는 매우 단단하고 깨지기 쉬운 자재이기 때문에 기계적인 가공은 적합한 도구를 사용하여 이루어져야만 한다. 천공의 경우 다이아몬드 팁 또는 수냉 중공 드릴을 사용하여야 한다. 반대 방향의 파손을 피하기 위해 양방향에서 동시에 뚫어야 한다. 구멍의 내면 주변의 부분 장력이 매우 크기 때문에, 유리판은 드릴링 후 유리강도 증가를 위해 열처리 한다.

(2) 열처리

구부림
Bent

유선형 유리는 평판 유리를 약 600℃로 가열하여 부드럽게 한 후 원하는 형태로 구부려서 만든다. 유리는 하나의 축에 따라(원통형) 혹은 유리돔 천장과 같이 두개의 축에 따라(구형) 휠 수 있다.

열처리
Tempering

강화안전유리(TSG, Tempered Safety Glass)는 제어가능한 상태의 열처리 용광로에서 약 600℃로 열처리 후 급속 냉각시켜 만든다. 이 공정으로 인해 유리의 굽힘 강도가 크게 증가된다. 〉 그림 6

TSG는 또한 기본 유리에 비해 매우 높은 열충격 저항을 지니고 있다. 일반 판유리가 40K 의 내열성을 지니는 반면 TSG는 150K의 열을 견딜 수 있다. TSG는 파손되는 방식으로 인해 안전유리로 인식되고 있다. 내부 장력의 상태 때문에 파손 시 순간적으로 뭉툭한 모서리의 작은 조각으로 갈라져 심각한 상해의 위험을

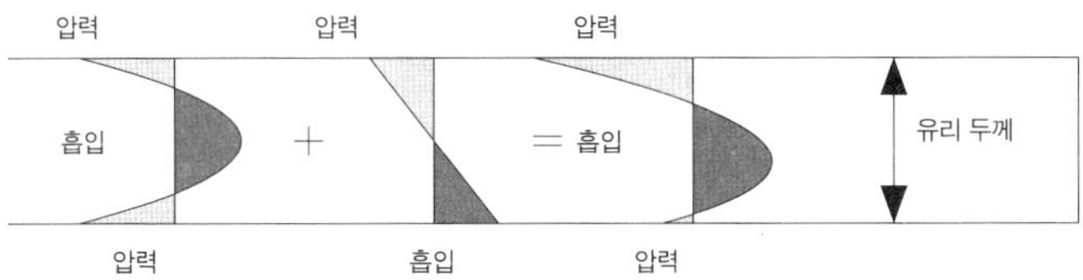

그림 6:
휨 TSG 내부 장력의 진행

줄일 수 있다. 조각들이 모인채로 남아있기 때문에 부서진 유리는 틀안에 그대로 유지되는 장점이 있다. 그러나, 이런 부서진 유리는 상대적으로 큰 면이 낙하할 수 있듯이 여전히 사람들을 위협할 수 있다.

열흡수 테스트
Test heat soak

아주 드물지만 강화유리의 원치 않는 성질로서 자연 파손이 있다: 육안으로는 보이지 않는 소량의 황화니켈을 첨가하면 시간이 지남에 따라 황화니켈이 팽창하여 설치 후 예측치 못한 유리 파손의 원인이 된다. 황화니켈 탐지의 신뢰할만한 방법으로 약 290℃까지 열을 가하는 열흡수 테스트가 사용된다. 열 흡수 오븐에서 약 4시간 정도 열흡수가 이루어지는 동안 황화니켈을 포함한 TSG가 부서지고 이런 이유로 이 유리는 다시 사용될 수 없다. EN 14179 기준에 따르면 열흡수 테스트를 마친 TSG는 TSG-H 규격 인증이 주어진다.

\\ 참고:
TSG 자체가 언더텐션 상태이므로 추후 절단, 천공, 갈기가 여려워진다. 기계적 가공을 위해 필요한 모든 단계는 따라서 열처리 이전에 완료되어야 한다. 장력을 받는 면적의 빛의 이중 굴절로 인해 스펙트럼 색깔에 패턴이나 흐림이 나타난다.

특정한 주광 상태나 편광 조건에서는 열처리 프로세스에서 지향성 구조를 발전시킨 TSG의 이방성(anisotropy)이 가시화된다.

열강화 유리
Heat-strenthened glass

열강화 유리 (HSG)는 TSG와 유사한 과정을 거쳐 만들어진다. 그러나, HSG는 표면의 압력을 낮출 수 있도록 더 천천히 냉각된다. 그 결과 굽힘강도가 낮아지고 TSG와는 다른 균열 무늬가 형성된다. HSG의 균열 무늬는 비열처리 유리와 비슷하다: 방사상의 크랙은 균열의 중심으로부터 팽창하고, 이에 따라 파편이 커진다. 절단으로 인한 심각한 손상의 위험은 TSG보다 크고, HSG는 안전 유리라고 하기 힘들다.

TSG와는 다르게 HSG는 황화니켈 포함으로 인한 자연 손상이 나타나지 않는다. 예외적인 경우로 HSG의 모서리 처리(갈기형)가 가능하지만 일반적으로는 열처리전에 이루어져야 한다.

(3) 화학적 처리

유리 표면의 압축응력은 유리를 전해질 용액에 담구어 화학적으로 형성 가능하다. 이 프로세스는 복잡한 기하학적 형상의 매우 얇은 유리를 열처리할 때에도 사용된다. 그러나, 화학적 열처리 유리는 건축에서 많이 쓰이고 있지는 않다.

(4) 접합 유리와 안전 접합 유리

안전 접합 유리(LSG, Laminated Safety Glass)는 최소 두 장 이상의 판유리를 PVB(polyvinyl butyral)필름으로 접합하여 만든다. 〉그림 7, 8

이러한 유리는 건축에서는 오버헤드나 낙하방지용으로 그리고, 자동차 산업에서도 많이 쓰인다. 이유는 LSG가 파손되더라도 유리조각이 분산되지 않고 원래 형태를 유지하기 때문이다.

\\ 참고:
유리 종류에 따른 굽힘강도는 다음과 같다: 일반유리 (40 N/mm²), HSG (70 N/mm²), TSG (120 N/mm²)
열충격 저항은 일반유리는 40K, HSG는 100K, TSG는 150K이다. 충격, 압력 온도에 대한 저항값을 예측하기 위해 다음과 같은 가중치를 사용한다. 일반 유리를 1로 봤을 때, HSG는 2, TSG는 3의 가중치를 준다.

그림 7:
LSG 구성

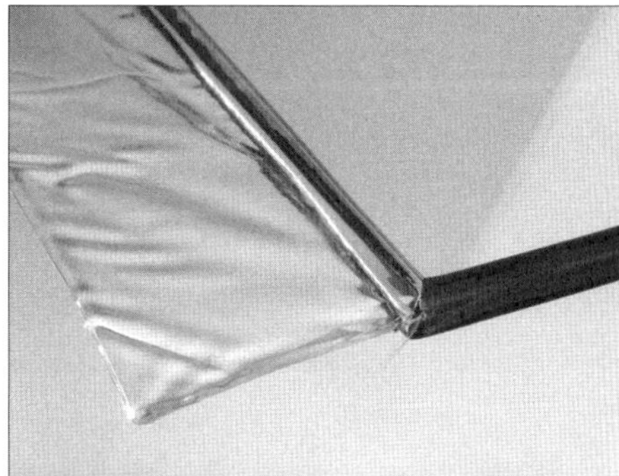

그림 8:
PVB 필름

유리가 깨졌을 경우, PVB필름은 유리 파편을 흩어지지 않게 원상태로 유지한다. 유리 조각이 필름을 뚫기가 힘들기 때문에 상해의 위험을 줄일 수 있다.

점탄성(viscoelastic) PVB 필름은 유리에 잘 접착되고, 높은 인열강도와 투명성, 내광성의 특징이 있다. PVB필름의 명목 두께는 0.38 mm 이지만 요구조건에 따라 배수로 증가될 수 있다. 따라서, 0.38, 0.76, 1.52 mm 의 두께가 가능하다. LSG는 세 단계로 생산된다. 첫째로, 유리와 필름 사이의 기초 접합이 클린룸에서 이루어지고, 다음은 기초 접합 오븐을 통과 시킨다. 오븐 내의 롤러 온도와 압력은 유리와 필름의 접착성을 높힌다. 최종 접착은 고압 고열의 오토클레이브 (auto-clave) 내에서 이루어진다. 불투명했던 필름은 이 과정을 거치고 나서 투명성을 확보하게 된다.

PVB 이외에 내부 레이어를 가진 다중 유리는 일반적으로 접합 유리라고 불린다. 이러한 유리는 대게는 안전 유리의 요구사항을 만족시키지는 못하기 때문에 특별 증명 없이 확인될 수 없다. PV 모듈은 EVA(ethylene-vinyl acetate) 필름을 사용하여 접합 유리와 접목될 수 있다.

(5) 다중 단열 유리

건물 창호의 단열성능을 향상시키기 위하여 오늘날은 단열창이 필수적으로 사용되고 있다. 두장 이상의 유리판을 접합 시킨 유리를 다중 단열 유리(MIG, multilayer insulating glass) 라고 부른다. 제습 공기나 불활성 기체를 유리 사이의 공기층에 삽입하여 밀폐한다.

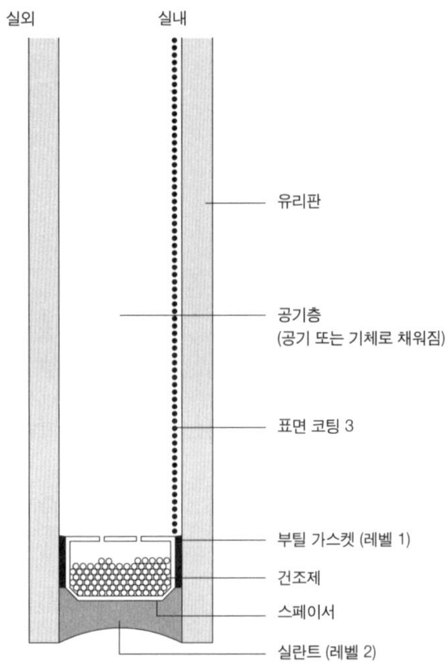

그림 9:
단열(복층) 유리 모서리 밀봉

모서리 밀봉
Edge seal

유리판 주변 모서리 밀봉은 알루미늄, 스테인리스 스틸, 플라스틱 스페이서와 실란트로 이루어진다. › 그림 9

스페이서는 가스와 공기중에 남아있는 습기를 흡수할 수 있는 흡습성 제습제로 채워진다. 이는 공기층의 결로를 방지하는데 도움이 된다. 밀봉은 실란트 이중 구조로 이루어진다. 첫번째 레벨은 부틸 실란트 (butyl sealant)로 스페이서를 유리에 접착하고, 두번째 레벨은 영구적인 다황화물 (polysulfide), 폴리우레탄, 실리콘 등의 탄성 실란트로 구성된다.

불활성 기체가 제습공기보다 유리의 단열성능을 높여주기 때문에 요즘에는 유리 사이의 공기를 아르곤이나 크립톤, 드물게 제논과 같은 비활성 기체로 충진하고 있다. 그러나, 유리 표면의 코팅을 통해서 얻어지는 단열성능이 훨씬 크다고 할 수 있다.

단열 유리 효과
The effect of insulating glass

단열 유리 사이의 공기층은 밀폐되어 있기 때문에 갇힌 기체와 대기와의 압력 차이가 발생하여 유리판을 실내외로 휘게 하는 원인이 되기도 한다. › 그림 10

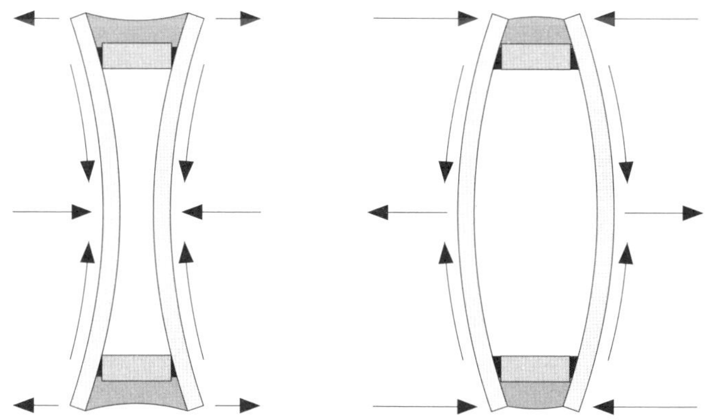

그림 10:
단열 유리 효과

결과적으로, 유리판이 휘게 된다. 압력 차이는 유리판에 기후 스트레스라고 알려진 추가적인 응력을 발생시킨다. 이것은 유리, 특히 모서리 밀봉에 장력을 발생시킨다. 특히 작고 매우 좁은 형태의 경우, 이러한 단열 유리 효과로 인해 모서리 밀봉의 조기에 파손이 발생하곤 한다.

(6) 표면 코팅

유리의 표면을 코팅하게 되면 요구사항에 따라 유리의 광학적, 물리적 성질에 상당한 영향을 받는다. 일반적으로 자재를 코팅할 때는 금속이나 금속산화물이 사용된다. 오늘날 유리의 종류는 단열성능이나 광제어성, 반사도, 색채 또는 오염도에 따라 나누어 볼 수 있다. 얇은 레이어는 유리의 구조적 성능에 영향을 주지 않으며, 코팅은 환경의 영향(부식) 이나 기계적인 영향(스크레치)을 받지 않는다. 즉, 특히 단열이나 광제어에 효과적인 많은 레이어들은 공기층에 면하는 유리판(그림 11의 표면 2와 3)에 적용될 수 있다. 〉그림 11

코팅은 플로트 유리의 제조 과정("online")이나 생산 이후("offline")에 처리 가능하다. 온라인 방식에서 금속산화용액은 유리가 고온일 때 적용하여 유리에 결속하도록 한다. 그 결과 매우 내구성이 높은 레이어("hard coating")가 만들어지는데, 이 유리면은 외부에 접하는 쪽(그림 11의 표면 1)에 적합하다.

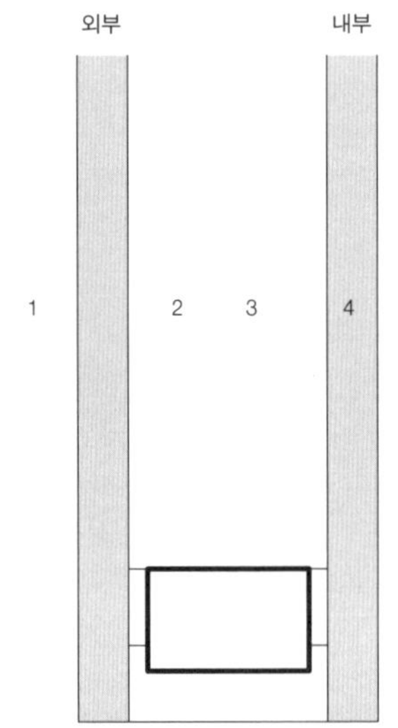

그림 11:
단열(복층) 유리 표면 지정

요즘에는 대부분의 단열 유리 또는 태양광 보호 유리는 극도의 박막(나노미터 단위) 다중 레이어 적용이 가능한 현대적인 음극선 방식(마그네트론 스퍼터링)에 의해 생산된다. 유리코팅은 유리를 화학약품에 여러번 담구는 졸-겔 (sol-gel)과정으로도 가능하다. 한번 담굴 때마다, 유리 표면에 의해 흡수된 레이어는 소성된다.

(7) 표면 디자인

표면 코팅뿐만 아니라 유리 표면을 장식하기 위한 다양한 기법들이 있다. 색채 주문 생산을 위해 많이 쓰이는 방법으로는 유리 표면 전체나 부분에 인쇄를 하는 방법이 있다. 에칭이나 샌드블라스팅도 반투명한 면을 만들 수 있다. 〉 디자인 유리 참고

2. 특수 목적 유리

2.1 단열 유리

단열 유리의 사용은 에너지 절감 요구사항으로 인해 한대 및 온대 지역의 건물에 절대적이 되었다. 1980년대만해도 창은 여전히 연중 난방 비용의 대부분을 차지하는 원인이었다. 그러나, 오늘날에는 유리 파사드의 건물도 매우 낮은, 심지어 화석 에너지 제로의 사용량을 보이고 있다.

열관류율
Coefficient of thermal conductivity

EN 673에 의하면 건축 자재, 창과 유리면의 열손실을 나타내는 척도의 단위는 열관류율(U-value) 이다. 열관류율은 실내외의 온도차 1K일 때 단위 면적을 통해 전달되는 열전달량 (unit = W/m^2K) 을 의미한다. 창호의 단열성능을 나타내는 결정적인 요인은 유리의 성능과 프레임의 구조이다. 이러한 이유로 유리의 열관류율 Ug와 전체 창호의 열관류율 Uw는 차이를 보이게 된다. 열전달은 창문의 중심에서보다 모서리에서 더 크기 때문에 Ug값보다 Uw값이 더 높고, 따라서 성능이 떨어진다. Uw값은 다음과 같이 계산할 수 있다.

$$U_w = \frac{U_g \times A_g + U_f \times A_f + \varphi \times L_g}{\Lambda_w} \ W/m^2K$$

U_w = 창호의 열관류율

U_g = 유리의 열관류율

A_g = 유리의 면적

U_f = 창틀의 열관류율

A_f = 창틀의 면적

φ = 유리 모서리의 선형 열관류율

L_g = 유리 모서리의 길이

A_w = 전체 창면적

코팅없이 공기층만을 둔 복층 유리의 열관류율 Ug 값은 대략 2.8~3.0 W/m^2K이다. 만약 코팅(보통 그림 11의 표면 3)을 하고 아르곤으로 채우면 그 값은 약 1.1 W/m^2K으로 낮아지며, 크립톤 충진 시 1.0 W/m^2K이 된다. 삼중 유리의 열관류율은 아르곤 충진의 경우 0.6 W/m^2K, 크립톤은 0.5 W/m^2K 이다.› 표 3

단열유리 열관류율의 1/3은 대류와 전도를 통해 이루어지며, 2/3는 복사의 결과이다. 기체 중의 에너지 이동을 대류라고 부른다. 두 유리판 사이의 온도차로

표 3:
다양한 단열 유리의 물성값

구조(mm) / 구성	U_g-value (W/m^{2}K)	G-value (%)	Lt-value (%)
복층 유리 4/16/4 아르곤	1.1	63	80
복층 유리 4/10/4 크립톤	1.0	60	80
삼중 유리 4/14/4/14/4 아르곤	0.6	50	71
삼중 유리 4/12/4/12/4 크립톤	0.5	55	72

U_g = 유리의 열관류율
G = 일사열 취득계수
Lt = 투과율
이 값들은 제조사별로 다를 수 있다.

인해, 공기층 내부의 기체는 이동하기 시작하고 온도가 높은 쪽에서 낮은 쪽으로 움직이게 된다. 열전도는 고체에서의 에너지 이동을 말한다. 이 경우 에너지는 유리를 통과하여 흐른다. 유리판의 복사열은 고온의 유리와 저온의 유리 사이에서 직접적으로 발생하는 복사를 포함한다. › 그림 12

열 보호 코팅
Thermal protection coating

열 보호 코팅은 복사열로 인한 에너지 손실을 줄이기 위해 사용된다. Low-E (Low-Emissivity) 코팅이라는 이름의 유래도 여기에 있다. 은은 가장 흔히 쓰이는 코팅재로 극도로 낮은 방사율뿐만 아니라 높은 색상 중립성과 투과율을 가지고 있다. 따라서, 육안으로는 단열유리와 코팅 안된 복층 유리를 구별하기가 힘들다. › 그림 13

결로
Condensation

단열 유리의 단열 성능이 월등히 뛰어나다 할 지라도, 외부 온도가 낮을 때에는 실내측에서 유리 표면의 모서리 부위에 결로가 형성된다. 시간이 지남에 따라, 결로는 밀폐부위를 손상시키고 목재 창호의 경우 글레이징 비드 (glazing bead)를 파괴한다. 결로의 원인은 모서리의 높은 열관류율이다. 모서리의 스페이서는 대게 금속으로 만드는데, 금속은 열전도율이 높아 열교가 발생된다. 스페이서 자재로 알루미늄 대신 스테인리스 스틸이나 플라스틱을 사용하면 유리 모서리의 선형 열관류율(f)을 낮출 수 있으며, 다시 말해 결로를 줄이고 창호의 열관류율을 치수

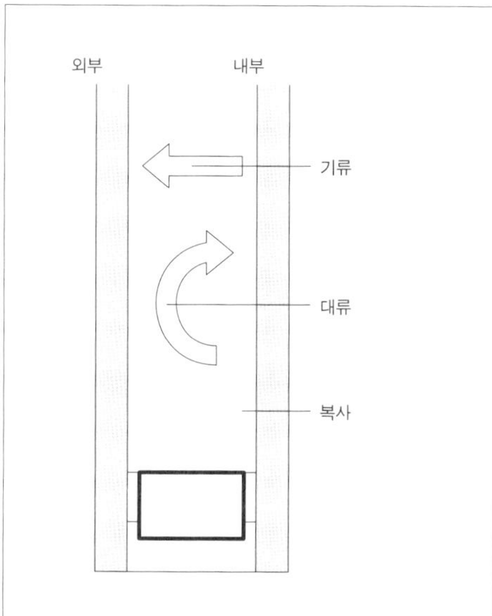

그림 12:
열전달

그림 13:
라이터 테스트

에 따라 몇 퍼센트 정도 향상시킬 수 있다.

일사열 취득계수
Solar heat gain coefficient

U 값과 함께 단열 유리의 핵심 물성치 중의 하나로 일사열 취득계수 (G-value)가 있다: G값(EN 410)은 유리에 입사한 태양 복사 에너지 중 흡수되거나 실내로 투과된 에너지 비율을 의미한다. G값은 태양 복사의 1차 투과율과 복사열과 대류의 형태로 유리에 의해 흡수된 태양 복사 (2차 투과율)의 합으로 계산할 수 있다. 패시브 건물에서 태양에너지 취득을 최적화하기 위해서는 높은 G값이 바람직하다. 유리 커튼월의 사무용 건물의 경우 과도한 일사 흡수는 실내의 냉방 부하를 증

\\ Tip:

복층 유리의 코팅 위치는 라이터 테스트 방법으로 판별할 수 있다. 불꽃은 각 유리판마다 두번씩 반사된다. 코팅면의 반사 이미지는 다른 이미지와 다른 색상으로 나타난다. (그림 13)

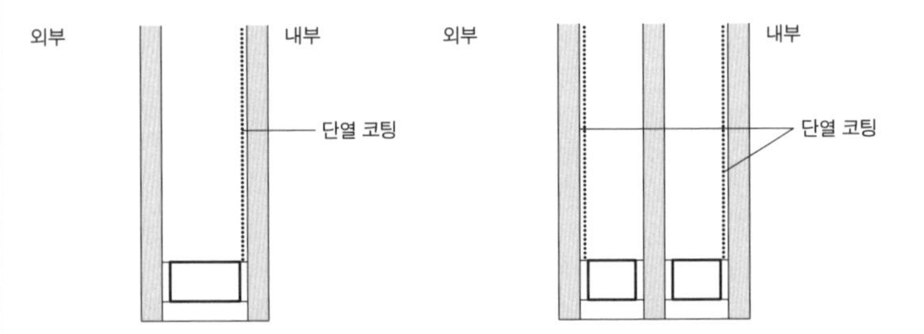

그림 14:
복층 유리 (표면 3 단열 코팅) 와 삼중 유리 (표면 2와 5 단열코팅)

가시키게 된다. 〉 태양광 조절 유리 참고

복층 단열 유리의 G값은 대략 0.6 ~ 0.65 사이이다. 삼중 유리는 조금 낮은 G값을 갖는다. 〉 그림 14

2.2 태양광 조절 유리

온실효과
Greenhouse effect

투명 건축재로서 유리는 파장 300~3000 nm 의 태양 복사 단파장을 투과하고 파장 3000 nm 이상의 장파장은 투과하지 못한다. 실내로 입사한 태양 복사의 대부분은 표면에 흡수되고 열로 변환하며 장파장 복사의 형태로 재방출한다. 재방출 된 장파장은 유리에 의해 실외로 빠져나갈 수 없으므로 실내 온도는 계속해서 높아지게 된다. 온실효과는 외기 온도가 낮을 때에도 유리 구조물 내부가 과열되는 것을 말한다. 〉 그림 15

\\ 참고:
단열 유리 레이어 위치 변경은 G값의 변화로 이어진다. 복층 유리의 경우, 만약 레이어가 표면 3이 아니라 표면 2에 있다면 G값은 감소한다. 삼중 유리의 경우, 레이어가 표면 3과 5에 있다면 표면 2와 5일때 보다 G값이 증가한다. 그러나 이런 변화는 U값에 영향을 주지 않는다.

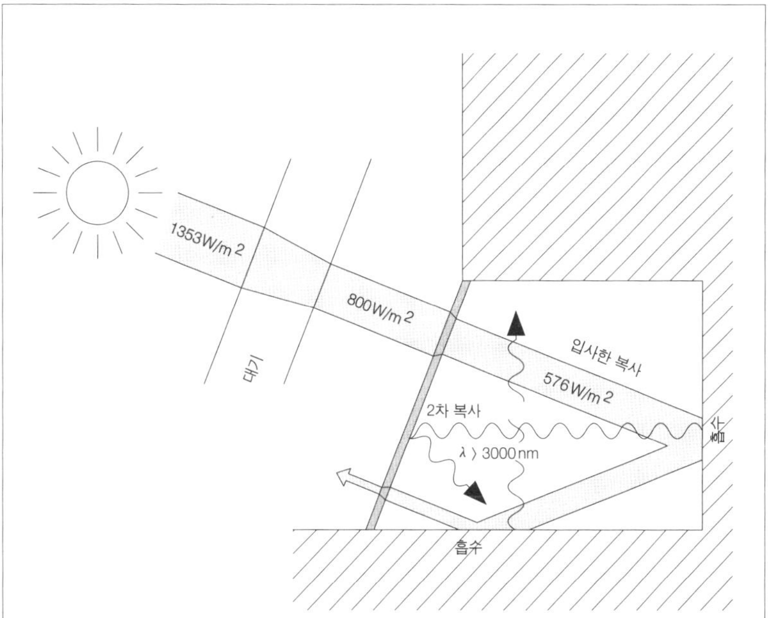

그림 15:
온실효과 다이어그램

태양광 조절 유리는 과도한 복사 에너지 유입을 방지한다. 복사 에너지는 첫째, 흡수되고, 둘째, 입사 후 반사의 방식으로 실내에 유입된다. 태양광 조절 유리는 종종 유리에 착색을 하여 만들기도 한다; 복사열을 부분적으로 흡수하게 만들지만 동시에 가시광선의 투과율도 낮춘다. 코팅 태양광 조절 유리의 초기 타입은 많은량의 가시광선을 반사한다는 단점이 있었다.

선택성
Selectivity

현대적 태양광 조절 유리는 선택적 코팅이 가능하다. 다시 말해, 가시광선 스펙트럼은 투과하도록 투명하지만, 적외선 복사를 반사하거나 흡수할 수 있다. 이러한 유리의 G값은 20~50% 정도이다.

실내에 고품질의 자연광을 확보하기 위해서는 선택성 태양광 조절 유리를 선택하는 것이 중요하다. 선택성은 투과율과 G값의 비율이다. 예를 들어 유리의 G값이 40%이고 가시광선 투과율이 76%라면, 선택성은 76:40 또는 1.9이다. 이론적인 한계치는 2이다.

칼라 렌더링
Color rendering

실내 자연광의 질을 보장하기 위한 핵심은 비단 광량 뿐만 아니라 칼라 렌더링 또한 중요하다. 칼라 렌더링 인덱스 (R_a)는 최소 90% 이상이어야 한다; 이것은 자연광의 칼라 렌더링을 정량화하는 파라미터로서 자연광이 반사되는 실내

표 4:
다양한 단열 유리의 물성값

구조 (mm) / 구성	U_g-value (W/m²k)	G-value (%)	LT-value (%)	RA
6mm 단판유리				
투명	5.7	56	45	-
녹색	5.7	45	53	-
복층 유리 아르곤 명목값 68/34	1.1	36	66	–
복층 유리 아르곤 명목값 40/21	1.1	22	40	88
복층 유리 6/16/4 아르곤 명목값 청색 50/27	1.1	29	50	95

U_g-value = 유리의 열관류율
G-value = 일사열 취득계수
LT-value = 투과율
R_a = 칼라 렌더링 인덱스
이 값들은 제조사별로 다를 수 있다.

표면에서 측정한다. 유리의 칼라 렌더링 인덱스 (Ra)는 99%까지 가능하다. 〉표 4

감소 인자
Diminution factor

많은 경우 태양광 조절은 실내나 실외의 차양(슬랫, 베네시안 블라인드, 오우닝 등)에 의해 개선된다. 차양이 있는 유리의 일사열 취득 계수를 gtotal이라 할 때, 이는 유리의 g값과 감소 인자의 곱으로 계산할 수 있다: 〉표 5

\\ Tip:
태양광 조절 유리는 맑은 태양광 조절 유리를 포함하여 외부에서 볼 때 반사도와 색상의 구성에 따라 다양하다 (청색, 녹색, 은색). 물성치를 알고 있다고 하더라고 설치 이전에 시제품 테스트를 거쳐야 한다. 특히, 기존 단판유리를 교체하고자 할 때는 더욱 중요하다.

표 5:
감소 인자 Fc

Line	차양 종류	F_c
1	차양 없음	1.0
2	실내 또는 유리 사이의 공기층	
2.1	흰색표면 또는 최소한의 투명성을 가진 반사면	0.75
2.2	밝은 색상 또는 최소 투명성	0.8
2.3	어두운 색상 또는 높은 투명성	0.9
3	외부	
3.1	회전 슬랫 (배후 환기)	0.25
3.2	베네시안 블라인드와 최소 투명성을 가진 패브릭 (배후 환기)	0.25
3.3	일반직인 베네시안 블라인드	0.4
3.4	롤러 셔터, 창호 셔터	0.3
3.5	캐노피, 로지아, 독립 슬랫	0.5
3.6	오우닝 (상부 환기, 측면 환기)	0.4
3.7	일반 오우닝	0.5

$F_c\ (g_{total} = F_c \times g)$

유리의 G값은 유리의 실외면 전체 또는 부분에 세라믹 프린팅을 하여 감소시킬 수 있다. 밀도가 높거나 인쇄면이 넓을수록 G값은 낮아진다. 〉유색 유리

2.3 방음 유리

건축 프로젝트는 방음에 관한 최소한의 기준을 만족시켜야 할 경우가 있다. 요구되는 방음 성능의 정도는 특정 목적에 달려있다. 일반적으로 소음은 공기 전달 소음과 충격음으로 나눈다. 충격음은 걷거나 직접적으로 건물의 부분을 두드리는 행위로 전달된다. 말소리나 교통 소음과 같이 공기를 통해 전달되는 소음을 공기 전달 소음이라고 한다.

소음은 음압 레벨로 측정하고 데시벨(dB) 단위로 표현한다. 파사드의 차음 성능 (dB)은 유리와 프레임의 구성으로 이루어진 창호의 차음 성능에 전적으로 달려 있다. 일반 단열 유리는 이미 단판유리보다 높은 방음 성능을 가지고 있다.

다음 방법으로 복층 유리의 차음성능을 향상시킬 수 있다:

_ 유리의 양과 비대칭 구조 (유리 두께 다양) 증가
_ 유리 사이의 공기층 두께 증가
_ 안전 접합 유리(LSG) 사용
_ 필름과 주형용 수지와 같은 특수 내부 레이어를 포함하는 접합 유리 혹은 안전 접합 유리 사용

방음 필름은 전통적인 PVB 필름과 같은 안전 성능(인장 강도와 파편 비산 방지)이 요구된다. 주형용 수지는 한정된 인장 강도를 가지고 시간이 지날수록 분리되어 흘러내릴 위험이 있고 접합 유리의 모서리에서 보이는 단점이 있다. › 그림 16

2.4 내화 유리

벽체의 난연성이나 내화성이 요구되는 경우 벽체나 파사드 개구부에 내화 유리를 사용한다. 유리의 내화성능은 EN 13501-1에 부합하도록 한다. › 표 6

표에 제시된 값은 유리의 인증 내화 성능을 나타내고 있다. 이 값은 화재 발생 후 유리에서 유독 가스 투과가 이루어지는 시간을 분단위(30 또는 90분)로 표현하고 있다. E 유리는 유독 가스 투과만을 막는 반면, EI 유리는 화재로부터 발생하는 높은 복사열의 투과까지 방지한다. 따라서, E 유리는 화재 시 거주자로부터 충분한 안전거리를 확보할 수 있는 부위에 사용해야만 한다. 바닥면 보다 1.8

\\ 참고:
가중 차음 성능 (R_W) 은 건축 법규와 인증 규제에 의해 인가된 단열 유리의 차음 성능을 말한다. 값은 실험실에서 계산되고 인접한 건물의 부분을 통한 소리 전달은 고려되지 않는다. 반대로 인접 부위를 고려하는 가중 차음 성능($R_{W'}$)은 Rw보다 조금 낮은 값을 갖는다.

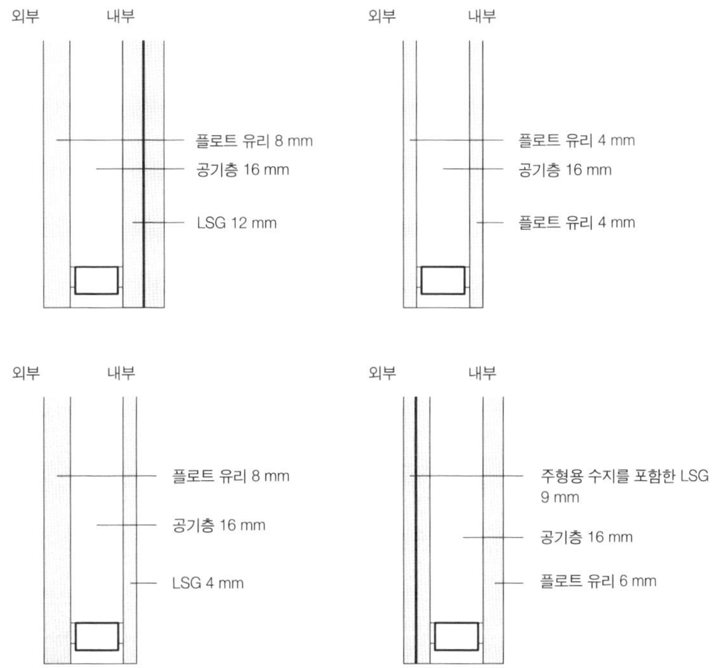

그림 16:
다양한 방음 유리 구조

표 6:
내화 유리 등급

건축 법규 명칭	내화성능 (EN 13501-1)
난연성	EI 30 E 30
내화성	EI 90 E 90

m 이상 높은 천창이나 비상구 인접 부위가 아닌 벽체와 같은 곳에 사용할 수 있다. E 유리가 독자적으로 사용되는 반면, EI 유리는 일반 평판 유리와 특수 내부 레이어(내화 및 내열)로 구성된 다층 구조를 가진다.

2.5 특수 목적 보안 유리

유리의 요구사항은 기물 파손, 절도, 폭력 범죄로부터의 보호도 포함한다. 유럽피언 스탠다드는 특수 유리의 종류를 자연으로부터의 보호와 범죄로부터의 보호로 나누고 있다.

내충격 유리 Impact resistance

내충격성이 강화된 유리는 자갈이나 소형 파편으로 인한 손상으로부터 보호한다. 내충격 유리는 낙구 시험으로 테스트한다. 철재 공의 무게는 대략 4kg 정도이며 유리 위에 정해진 높이에서 세번 연속으로 떨어뜨려 깨지지 않아야 한다.

방범 유리 Burglary resistance

방범 유리는 도끼를 사용하여 일정 기간 동안 40×40 cm의 개구부 생성을 방지한다. 테스트는 긴 자루의 도끼 형태 기계를 사용한다.

방탄 유리 Bullet resistance

방탄 유리는 엽총에서 소총에 이르는 다양한 총기류로부터 보호한다. 일반적인 총기를 사용하는 실험실 발사 테스트를 거친다.

방폭 유리 Blast resistance

방폭 유리는 외부의 폭발에 의한 피해를 방지한다. 인공적으로 수직 압력을 유리면에 발생시켜 테스트 한다.

모든 종류의 특수 목적 보안 유리는 전통적인 안전 접합 유리 (LSG)에서 유리뿐만 아니라 열처리 유리, 필름, 플라스팅 코팅으로 이루어진 다층 구조에 이르기까지 다양한 레이어로 구성되어 있다. 그러나, 핵심은 유리 뒤의 사람이나 사물을 보호하는 데 있다. 유리 자체는 힘이 가해졌을 때 손상되고 교체되는 것이 보통이다. 보안 유리에는 도선 (conductive wire)이 들어있다; 유리가 부서지면 전류 흐름이 단절되어 알람이 울리게 된다. LSG 내부에 가는 은선을 삽입하거나 TSG의 한 코너에 전도 에나멜 프린트를 하는 방법이 있다. TSG는 항상 작은 조각으로 깨지기 때문에, 서킷은 확실히 부서지게 된다.

\\ 참고:
화재 안전을 위하여 모든 내화 유리는 접합과 밀봉을 위한 인증 자재를 사용한 적합한 프레임과 함께 시공되어야 한다.

2.6 통합기능 단열 유리

단열 유리 사이에 차양을 위한 슬렛이나 금속메쉬 등의 기능 요소를 첨가하는 것이 최근 트렌드이다. 이러한 기능성 유리의 장점은 바람과 날씨에 의한 손상과 오염으로부터 보호할 수 있다는 점이다.

조절 시스템
Adjustable systems

조절 가능한 슬랫은 베네시안 블라인드에 통합된다. 슬랫은 오목하거나 볼록한 형태로 표면은 무광, 반사, 천공 등이 가능하다. 이러한 유리는 사무 공간에서 컴퓨터 모니터에 생기는 현휘 현상이나 태양광으로부터 보호하도록 규정할 수 있다.

조절 가능한 차양은 공기층에 통합될 수 있다. 이때, 블라인드는 직물이나 천공 플라스틱 필름으로 만든다.

고정 시스템
Fixed systems

고정 슬랫은 공기층에 사전시공하는데, 슬랫은 특수 단면의 반사율이 높은 자재를 가로형태로 설치한다. 따라서, 확산광은 실내로 유입되지만 대부분의 직달 일사를 반사할 수 있다. › 그림 17

고정 슬랫과 같은 차양 그리드는 일반 슬랫과는 달리 수평과 수직으로 배열한다. 반사율을 위해 순도 높은 알루미늄으로 코팅한 이런 복합 그리드는 경사가 낮은 유리 지붕이나 돔의 일조를 위해 특별히 개발되었다. › 그림 18

통합 프리즘 플레이트나 아크릴 유리 프로파일은 직사광은 반사하고 확산광은 실내로 유입한다.

또한, 금속 메쉬 삽입재도 다양하다. 금속 메쉬는 태양광 조절뿐만 아니라 디자인 요소의 역할도 한다. › 그림 19

그림 17:
고정 슬랫

그림 18:
차양 그리드

그림 19:
금속 메쉬 삽입재

사각 단면 각목으로 구성된 나무 삽입재는 금속 메쉬를 대체하여 단열 유리 사이에 사용될 수 있다. 〉그림 20

빛을 거의 산란시키지 않는 이런 통합재는 두께가 충분히 두껍다면 단열재로서도 적합하다. 단열 유리 내 산란 캐필러리 플레이트는 소형의 UV 안정성을 지닌 투명 폴리카보네이트 튜브로 만든다. 이 소재는 자연광을 골고루 산란시킬 수 있다. 박물관, 스튜디오, 경기장 등과 같은 직사광선을 기피하는 공간에 자연

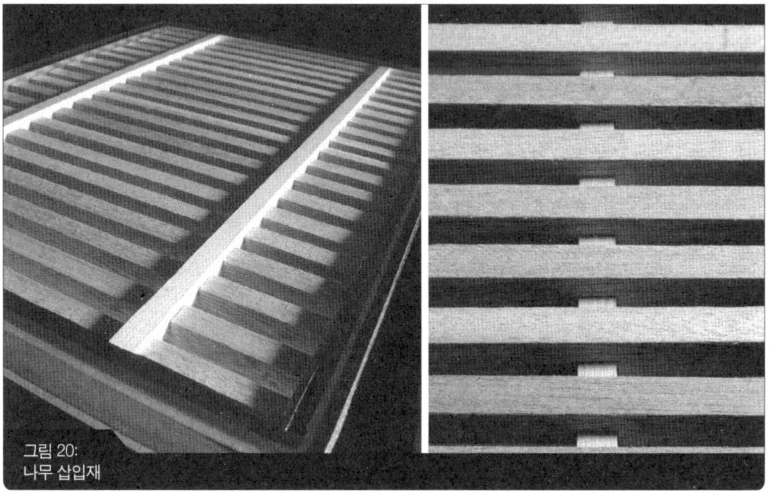

그림 20:
나무 삽입재

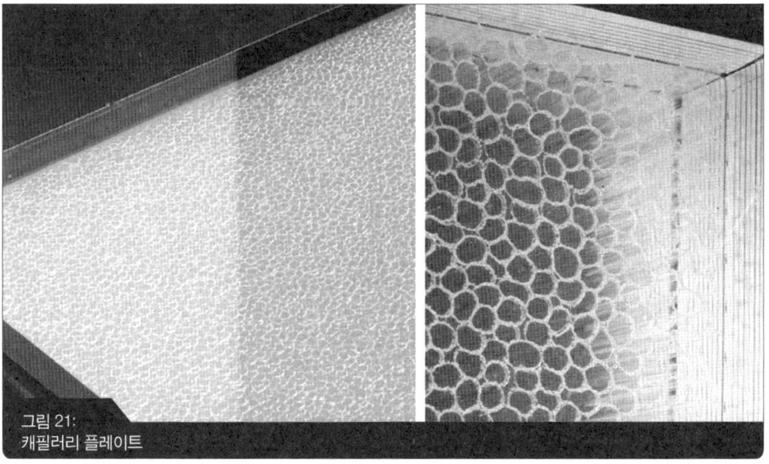

그림 21:
캐필러리 플레이트

광을 유입하는데 쓰인다. 〉그림 21

투명 단열재
Transparent
thermal insulation

투명 단열재라는 용어는 약간 어폐가 있다. 이런 종류의 단열재는 대게 전혀 투명하지 않고 반투명 정도이다. 투명 단열재는 종종 솔리드 외벽 전면에 직접적으로 사용된다. 이는 복사열을 받아들여 실내 온도를 높혀준다. 투명 단열재는 자연광 유입의 장점을 최대화 하기 위한 파사드 충진재로도 사용된다.

그림 22:
PV 패널

플라스틱 캐필러리 플레이트나 유리관과 같이 박막이나 에어로겔을 함유한 자재는 유리판 사이에 놓인다. 투명 단열재는 어느 정도 차양 기능이 있으며 여름철 실내의 과열을 방지할 수 있다.

\\ 참고:
통합 기능 유리는 유리판 사이 공기층의 열흡수 증가로 인해 내부 삽입재가 조기에 손상될 수 있다는 단점이 있다. 몇년 내에 교체하는데 드는 비용이 상당하다. 교체한 유리는 기존 유리와 같아야만 한다. 블라인드 삽입 유리는 단열 유리 효과가 나타날 수 있다. 이 경우 기후 스트레스로 인해 내향 커브가 발생하여 슬랫 조절이 힘들어 질 수 있다. 유리판의 휨은 두꺼운 유리를 사용하면 감소시킬 수 있다.

그림 23:
전기 광학 레이어

2.7 특수 기능 레이어

유리는 투명도, 강도, 내후성으로 인해 다양한 종류의 기능 레이어를 가진 이상적인 재료가 되었다.

PV
Photovoltaic

특수 기능 레이어의 전형적인 예로 PV를 들 수 있다. PV는 파사드나 지붕에 설치하여 태양광을 전기 에너지로 바꾼다. PV 는 실리콘 셀 보호를 위해 셀을 유리판 사이에 내장시키거나 유리면에 직접적으로 "박막필름셀"을 코팅한다. › 그림 22

전환가능 레이어
Switchable layers

유리는 빛과 복사 투과 성능으로 인해 조도와 기후조건을 조절할 수 있는 기능도 가능하다.

열지향성 레이어는 온도에 따라 투과되는 빛의 양이 변화한다. 실온에서 투명한 유리가 온도가 높아지면 백색으로 변화하여 빛을 확산시킨다.

전기광학 레이어는 반투명과 투명 상태를 전기를 흘려 전환할 수 있다. › 그림 23

전기변색 레이어는 광량과 유리가 받아들이는 에너지양의 지속적인 조절이 가능하다. 전기가 흐를 때 유리 색은 짙은 청색이 되고 태양광과 태양열 복사의 전달을 줄인다.

그림 24:
주문 장식 유리

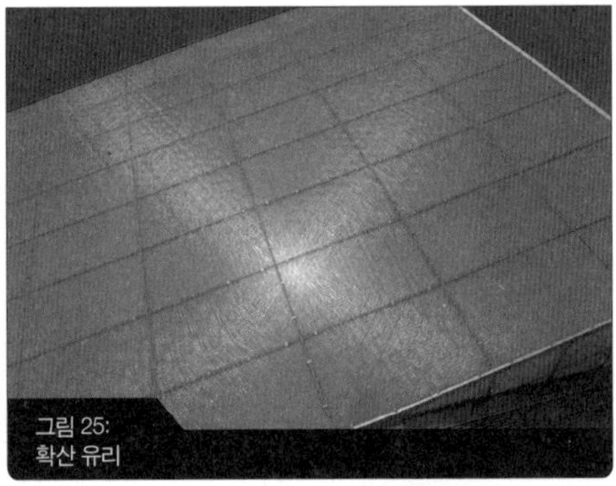

그림 25:
확산 유리

3. 디자인 유리

3.1 장식 유리

"장식 유리"는 유리의 표면에 기능적인 혹은 디자인적인 목적으로 주조하거나 압연하여 성형한 유리의 명칭이다. 기하학적인 패턴(정사각형, 직사각형, 선, 점)에서 무정형 패턴과 주문 장식에 이르기까지 경제성을 보장해 줄 만큼의 물량이 확보된다면 다양한 표면 처리가 가능하다. › 그림 24, 25

장식 유리는 약한 혹은 강한 확산성을 지니고 있다. 따라서, 장식 유리는 대부분 확산광이 요구되는 또는 투명한 가시성을 요구하지 않는 곳에 기능적, 디자인적인 목적으로 사용된다. 한면 또는 양면 표면 장식이 가능하다. 일사를 확산시키지 않고 반사하거나 입사각에 따라 특정 방향성을 가지는 특수 유리(예를 들어, 프리즘)도 있다. › 그림 26, 27

\\ 참고:
대부분의 장식 유리는 열처리 가능하고 LSG 또는 단열 유리로 사용 가능하다. 특히, 파사드에 사용될 경우, 제조사는 이를 검증할 필요가 있다.

그림 26:
프리즘 유리

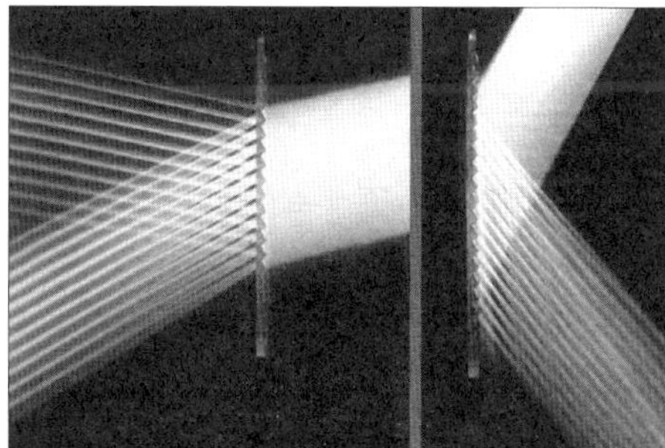

그림 27:
프리즘 유리 사용

3.2 간유리

간유리는 건축에서 많이 활용되는 디자인 요소이다. 프로스팅(Frosting) 작업은 빛의 유희를 만들어내고 유리의 재료성을 높여준다.

에칭
Etching

에칭 유리는 불화수소산을 사용하여 프로스팅 처리 한다. 유리의 표면은 처리 과정에서 살짝 손상되는데 유리판의 강도는 대부분 유지된다. 산성 용액의 농도는 매우 약하지만, 유리 표면 작업 시간 조정을 통해 작업 목적을 달성할 수 있다. 적용 시간은 프로스팅 양을 결정짓는다. 표면 거칠기가 증가할수록, 유리의 투명도는 낮아지고, 입사하는 빛의 산란을 증가시킨다. 스텐실은 개별 디자인, 로고, 패턴을 에칭하는데 쓰일 수 있다. 제조사와의 협의를 통해 에칭 유리는 열처리 되거나 곡면화 할 수 있다.

샌드 블래스팅
Sandblasting

샌드 블래스팅 유리는 샌드 블래스팅을 통해 유리 표면을 거칠게 처리한 유리이다. 표면을 연마하여 거칠게 만들기 때문에, 유리판의 강도는 감소한다. 시간이 지남에 따라 표면 연마의 결과로 변색이 발생하기도 한다. 유리 청소 후 남는 찌거기 등이 거친면에 남아 변색이 발생하는 경우가 그 예이다. 샌드 블래스팅 유리의 시각적 효과는 에칭 유리와 비슷하다. 이미지나 패턴도 샌드 블래스팅 기법으로 가능하다.

스크린 프린팅을 통한 프로스팅은 거칠지 않은 매끄러운 표면 처리가 가능하다. 반투명 에나멜 페인트를 적용, 가열하여 표면 프로스팅을 영구화한다.

3.3 유색 유리

건축에서 유색 유리의 활용은 최근 들어 르네상스기를 맞이하고 있다. 중세시대 고딕 성당의 실내의 빛은 색채로 나뉘어진 창을 통해 예술로 승화된다. 요즘에는 매우 다양한 종류의 기술적, 시각적 성질의 유색 유리가 있다.

제품에 따라, "염색 프로세스"는 유리가 생산되는 과정에 적용되거나 후처리 가능하다.

착색 유리
body-tinted glass

착색 유리는 첨가제 (산화물)를 유리 페이스트에 직접적으로 첨가하여 생산된다. 이 공법은 유색 플로트 유리, 쉬트나 창유리, 주조 유리, 유리 벽돌에 적용될 수 있다. 그러나, 위에 언급한 대부분의 유리가 다양한 색채가 가능한 반면, 플로트 유리의 색채 범위는 청색, 녹색, 황동색, 회색으로 제한된다. 유리 페이스트에 자연적으로 존재하는 이산화철 성분으로 인해, 일반 플로트 유리는 이미 약간 녹색을 띠고 있고, 유리가 두껍거나 프로트스된 경우 녹색이 더욱 두드러진다. 백색유리는 이산화철 함량이 낮아 녹색빛이 없는 유리를 말한다. 백색유리는 매우 투명하기 때문에 태양광 집광기나 PV 패널을 생산할 때 활용된다.

퓨징
fusing

퓨징은 단일 판유리를 만들 때 서로 다른 색채의 유리 페이스트를 결합하는 과정을 말한다. 〉 그림 28 다양한 색채와 형태의 유리 쉬트를 접합하여 더 큰 쉬트를 제작하는데 1500℃ 가마 내부에서 융합된다. 이 기술은 쉬트 유리에는 적용 가능하나 플로트 유리에는 불가능하다.

이색 유리
dichroic glass

광학 효과 필터나 이색성 필터는 졸-겔 방식(화약용액에 담금)을 유리에 적용한 다양한 두께의 여러 산화금속 박막이다. 색채 효과는 개별 박막 사이의 간섭 효과로부터 발생하고 입사각에 따라 다양하다. 이색 유리로 제작한 파사드는 빛을 반사하고, 입사각에 따라 코발트 블루나 금색으로 보인다. 색채 효과 필터는 열흡수가 많지는 않다. 이 필터는 염색 유리처럼 태양 복사로부터 열을 흡수하지는 않는다.

에나멜 유리
Enameled glass

에나멜 유리와 스크린 프린트 유리는 유색 코팅 유리의 일종이다. TSG나 LSG의 제조 과정(600℃ 이상)에서 유색 에나멜 레이어를 유리 표면에 연소하여 만든다. 에나멜 유리나 스크린 프린트 유리는 항상 열처리를 거친다; 열처리 없는

\\ 참고:
착색 유리는 태양 복사로부터 열을 축적한다. 파사드 사용을 위해 열처리를 하기도 한다. 대조적으로, 퓨징에 의해 생산된 판유리는 이음매가 불규칙적이기 때문에 열처리가 불가능하다.

\\ 참고:
이색 유리의 크기는 대략 1.70×3.80m까지도 가능하다. 열처리는 가능하나 엄격한 제약이 뒤따른다. 레이어는 내구성과 스크래치 방지 기능이 있으나 외부 기후에 노출되지 않도록 해야 한다.

그림 28:
퓨징 유리를 사용한 유색 유리창

프린트는 두 요소의 유기 염료로 가능하나, 스크래치 방지 기능은 없다. 색채의 질은 이산화철 함량이 낮은 백색유리를 사용함으로 확보할 수 있다. 유리에 에나멜을 연속으로 적용하는 세가지 방법을 구별할 수 있어야 한다:

_ 압연 공정에서, 평판 유리는 고무 롤러 사이를 통과하는데 이 때 유리 표면에 에나멜 페인트가 압착된다.
_ 주조 공정에서, 쉬트 유리는 코팅수조를 통과하면서 표면에 페인팅이 된다. 이 방법은 시대에 뒤떨어진 친환경적이지 못한 방법이다. 다른 방법들과는 달리 솔벤트 사용 없이는 불가능하다.

스크린 프린팅
Screen printing

스크린 프린팅은 가장 균질한 색채 적용법이다. 프린트는 가는 메쉬 스크린을 통해 유리 표면에 압착된다. 광범위한 표준 색채 적용이 가능하다. 불투명, 투명, 반투명 칼라 뿐만 아니라 주문 페인팅도 가능하다. 가능한 장식 패턴과 스텐실 사용하여 판유리 각각을 디자인 할 수 있다. 컴퓨터-스크린(Computer-to-screen, CTS)

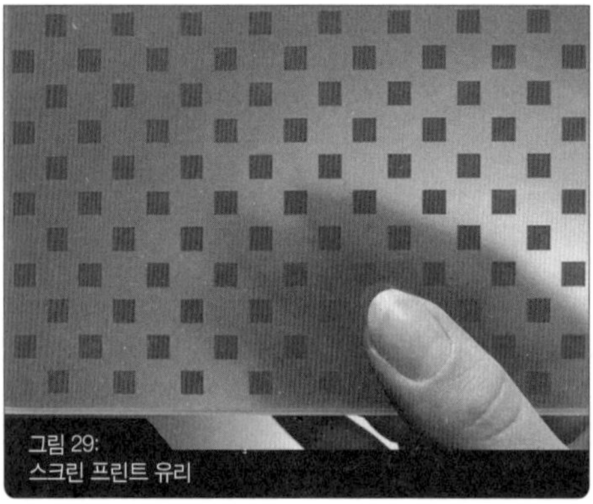
그림 29:
스크린 프린트 유리

그림 30:
스크린 프리트 유리 파사드

이미징 방식에서, 스크린은 디지털 디자인 또는 사진으로 제작된다. 다색 프린팅 모티브는 각각의 스크린과 passess 가 필요하다. 네 가지 색깔의 스크린 프린트를 위해서는 네 개의 스크린과 밀대가 필요하다. 〉그림 29, 30

디지털 프린팅
Digital printing

최근 들어 디지털 프린터를 사용한 세라믹 유리 인쇄가 가능해졌다. 디지털 프린팅의 장점은 이미지 데이터가 직접 프린터로 보내지고, 고가의 스크린이 필요없다는 점이다. 게다가 동시에 다양한 색채의 적용이 가능하다. 이 방법은 특히 주문 제작 모티브에 적합하다.

유색 필름 LSG
LSG with colared film

오늘날, 유색 필름 LSG는 유색 페이스트로 만든 착색 유리를 대체하고 있다. 유리 그 자체를 다룬다기보다 유리의 두개 레이어 사이에 유색 필름을 적용하여 색채를 발현시킨다.

유리, 필름, 유리의 구성은 전통적인 안전 접합유리(LSG)와 같은 형태이다. PVB는 압출 칼라 필름처럼 사용되기 때문이다. 두 장의 쉬트 유리 사이에 최대 네 장의 필름을 결합시킬 수 있다. 열한개의 기본 칼라부터 천개 이상의 투명, 반투명, 불투명 칼라가 가능하다. 흑백과 패턴 필름뿐만 아니라, LSG에 적용 가능한 고화질 디지털 프린팅 필름도 있다. 색채의 불투명성은 스크린 프린팅보다는 낮다. 〉그림 31

홀로그래픽 필름
Holographic films

홀로그래픽 광학 요소 (Holographic Optical Element, HOE)는 홀로그래픽 그리드 필름으로 내재한 접합유리를 지칭한다. HOE는 프리즘과 매우 흡사한 효과를 보이는데, 백색광을 다양한 스펙트럼의 칼라로 나눈다.

그림 31:
패턴 필름 LSG

색채 효과는 빛의 입사각과 보는 각도에 달려있다. HOE는 이색성 필터와 같은 다이나믹 색채 효과를 창출할 수 있다. 홀로그래픽 광학 필름은 접합 유리내에서 보호된다는 전제하에 실외 적용이 가능하다. 이런 필름은 색채 효과 뿐만 아니라 일사 방향을 제어하고 태양광 조절을 위해 사용된다. 태양광 셀에 일사를 집중시켜 태양광 전기 생산을 증가시키는데도 활용된다.

\\ 참고:
에나멜은 TSG의 굽힘 강도를 40% 정도 감소시킨다. 표면에 다른 칼라 작업을 최대 네번까지 적용한다. 최대 3.00 x 6.00 m 크기의 포맷이 가능하다. 주문 모티브는 비용 증가가 따른다. 프린트된 면은 스크래치 방지와 내후성이 있지만 시간이 지남에 따라 자외선으로 인한 변색이 일어난다. 단열 유리의 프린트 면은 보통 표면 2에 위치시킨다. 색채와 프린팅 양은 유리의 열 취득 계수에 따라 변화한다. 따라서, 스크린 프린트 유리는 태양광 조절용으로도 사용 가능하다.

\\ 참고:
유색 필름 LSG는 착색 유리가 열흡수율이 낮다; 그럼에도 불구하고 어두운 칼라의 경우, 각각의 레이어의 열처리가 권유되고 있다. 접합면 내에서 보호된다면 자외선 노출에도 변색이 심하지 않다.

4. 시공과 조립

4.1 일반사항

유리는 손상이 쉬운 자재이므로, 유리 구조의 설계와 시공 시, 각별한 주의와 자재에 대한 지식이 요구된다. 나무와 철과 같은 강성 자재와는 다르게, 유리는 단단한 물체에 닿자마자 바로 손상될 수 있다. 이러한 원인으로 유리 부재와 구조재의 지지력은 보통 실험실에서 신중히 테스트 한다. 이 프로세스는 안전성과 유리 파손 후 지지력의 레벨인 잔류 지지력 시험을 포함한다. 유리와 유리 시공에 관한 많은 표준, 기술 가이드라인, 규정이 존재한다. 독일의 경우, 표준 구조 이외의 건물을 시공하거나 부재를 제작하는 경우 개별 기준(case-by-case basis) 허가를 득하여야만 한다.

4.2 선형지지 공법

판유리의 대량 포장, 운송을 위해 선형으로 지지한다. 창호, 파사드, 유리 지붕 등과 관련된 대부분의 경우에서, 유리판은 모든 측면에서, 또는 모든 모서리에서 선형으로 지지된다. 삼면, 양면, 단면 지지도 가능하다. 〉 그림 32 지붕의 모서리에 접합된 낮은 모서리에가 있는 전면 유리 레일링은 단면 지지 시스템의 예이다. 〉 적용, 낙하 방지 유리

수직 및 오버헤드 공법
Vertical and overhead glazing

수직 글레이징 (수직 경사도 10도 미만)과 오버헤드 글레이징 (수직 경사도 10도 이상)의 일반적 구별은 수직 경사도 10° 를 기준으로 나눈다. 안전 접합유리(LSG)는 오버헤드 글레이징에 사용된다. PVB 필름은 유리 파손 시 유리 파편이 사람에게 떨어지는 것을 막아준다; 플로트 유리로 제작한 LSG, 또는 HSG는 단일 유리 패널보다 높은 잔류 지지력를 갖는다. 단일 유리 패널 (플로트 유리,

\\ 참고:
TSG로 제작한 LSG는 높은 굽힘 강도를 보유할 수 있다. 그러나 이러한 유리의 오버헤드 면 사용은 낮은 잔류 내력 성능으로 인해 어떤 국가에서는 불허하고 있다. 오버헤드 면에 사용되는 단열 유리 중 아래 유리판은 LSG로 제작한다. 철망 유리는 주요 하중 방향의 스팬이 최소 0.7m인 곳의 오버헤드 면에 허용된다.

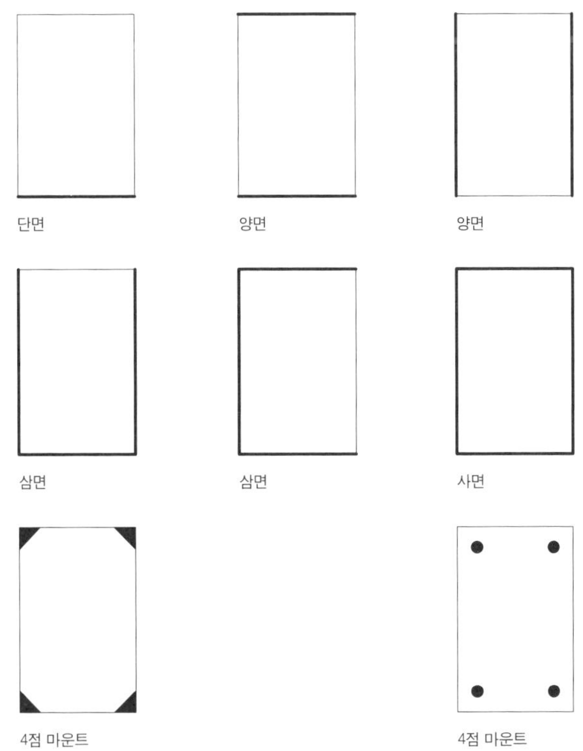

그림 32:
선형 지지 및 4점 마운트

TSG, 주조 유리)은 거대한 유리가 공공 통로(thoroughfare)에 낙하가 예상되는 경우 활용될 수 있다. 그물망의 폭, 40mm 이하의 적절한 그물을 설치함으로써 방지될 수 있다.

4.3 유리와 프레임

유리 래빗
glazing rabbet

지지대는 같은 하중이 유리판에 전달되는 것을 확실히 하고 부정형성을 보상하기 위해 유연한 내부 레이어가 필요하다. 철 또는 콘크리트와 같은 단단한 자재와의 직접적인 접촉은 어떤 경우라도 피해야 한다. 유리 물림 깊이는 유리가 유리 래빗으로 삽입되는 특정 깊이이다. 물림 깊이는 유리판의 크기, 치수 공차, 시공의 예상 편차에 의해 결정된다. › 그림 33

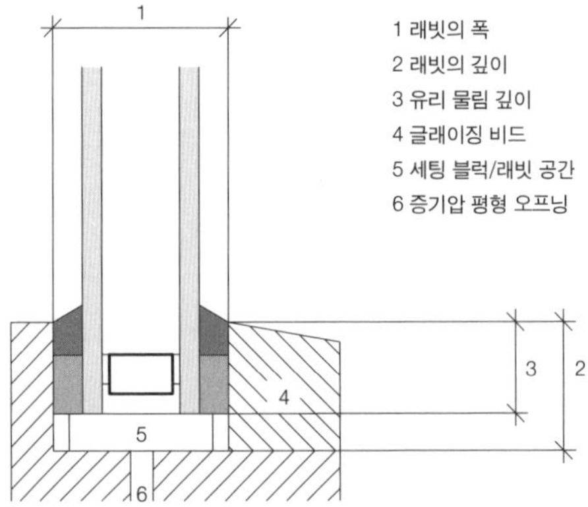

그림 33:
유리 래빗

세팅 및 로케이션 블럭 삽입
Inserting setting and location blocks

글레이징 래빗에서 서포트 볼트는 유리 무게의 수직 하중을 새쉬나 프레임에 전달한다. 프레임 내의 세팅 블럭은 유리판이 옆으로 움직이는 것은 방지한다. 〉그림 34

밀봉
sealing

래빗은 일반적으로 밀봉재 없이 시공될 수 있다. 밀봉재는 내부 증기압 평형(장력 완화)을 보장한다. 코킹은 실링 테이프 (실리콘, 아크릴 레진, 다황화물, 폴리우레탄)에 습식 실란트를 적용하거나 프리패브 가스켓 프로파일 (합성 고무)의 건식 실란트를 사용하여 시공한다. 래빗에 발생하는 결로는 작은 증기압 평형 오프닝을 통해 증발할 수 있도록 한다. 〉그림 35

창호나 유리 파사드 구조 설계 시에는 서로 다른 밀봉재의 화학적 호환성을 고려하여야 한다. 기본적으로 다음 다섯가지 등급의 밀봉재가 있다: 부틸, 아크릴, 다황화물, 폴리우레탄, 실리콘. 밀봉재는 희석액 레벨, 솔벤트, 가교제, 및 필터 등 그 화학적 구조가 다양하다.

\\ 참고:
잘못된 실란트 컴파운드는 세팅 및 로케이션 블럭 자재, 모서리 테이프, 실란트재의 손상을 불러올 수 있다. 유리 구조의 장기 내구성을 확보하기 위하여 제조사의 실란트 컴파운드의 화학적 호환성 내역을 확인하여야 한다.

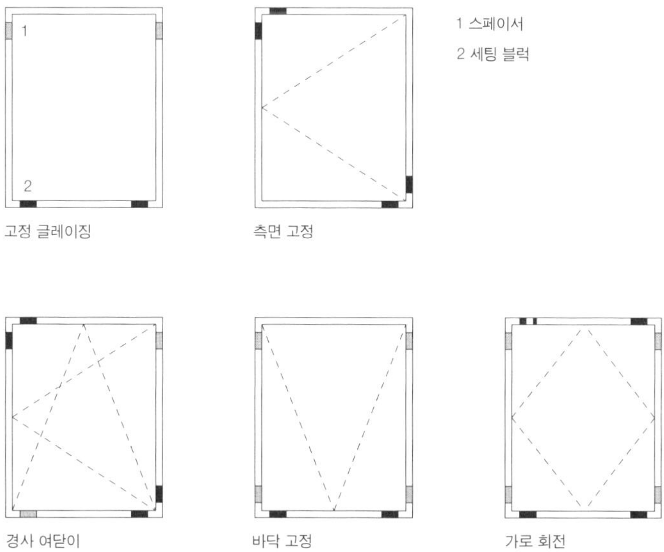

그림 34:
세팅 및 로케이션 블럭

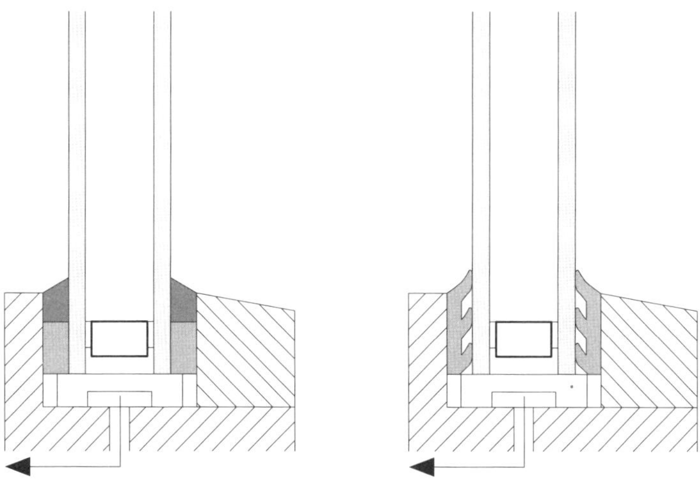

그림 35:
습식 및 건식 실란트

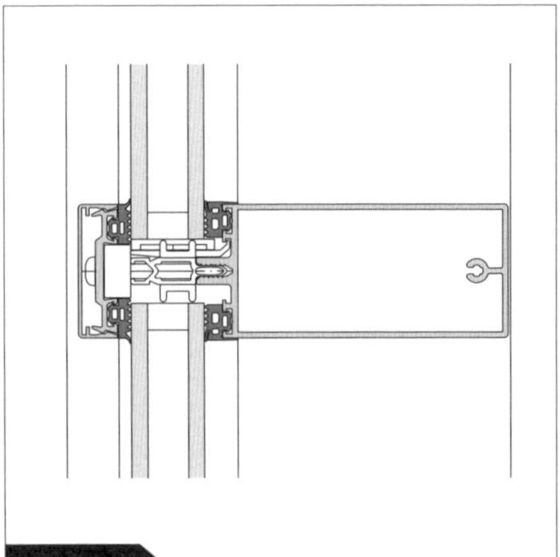

그림 36:
알루미늄 장식 몰딩 스트립 압력 몰딩 공법

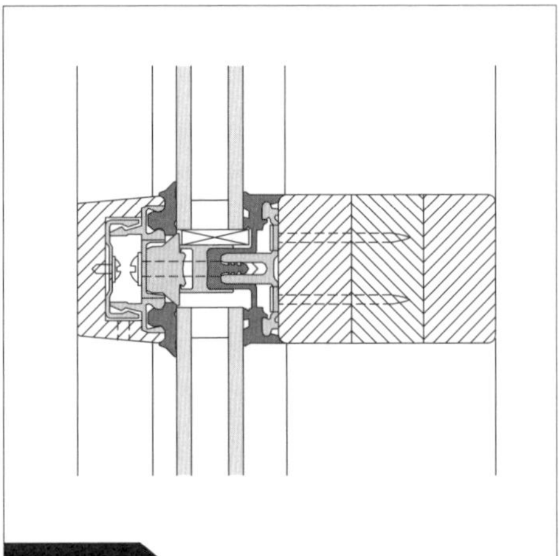

그림 37:
목재 장식 몰딩 압력 몰딩 공법

글레이징 비드
glazing bead

선형지지 글레이징의 두 가지 핵심 시공법은 다음과 같다. 창호와 파사드 시공 시, 글레이징 비드는 유리 고정의 가장 흔한 방법이다. 글레이징 비드는 새쉬 내부에 위치한다. 지지 구조(예를 들어 목재 프레임)에 못이나 클램프(금속이나 플라스틱 프레임)로 설치된다. 글레이징 비드의 접촉 압력은 유리판 마운팅을 보호하고 밀봉을 단단히 한다.

압력 몰딩
Pressure moldings

압력 몰딩은 알루미늄, 철, 나무, 플라스틱으로 만든 비드로 다양한 종류가 있다. 비드는 외부에서 주입되고 하부 구조에 반하는 유리에 압력을 가한다. 비드는 정확하게 위치시킨 접촉 압력을 허용하는 스크류로 고정된다. 대부분의 시스템에서 스크류는 두번째 몰딩에 의해 커버된다. 밀봉은 실리콘이나 EPDM/APTK로 제작한 영구적인 탄성 실링 프로파일을 추가하여 달성된다. 단열 유리가 창호에 사용될 때, 압력 몰딩과 지지 몰딩 사이의 열적 분리가 요구된다. 플라스틱 단열 몰딩 사용이 그 예이다. 창호 프레임 래빗에서, 유리 조인트 사이의 갭에 결로가 발생되거나 외부에서 유립된 빗물이 누수될 수 있다. 이런 이유로 어떠한 증기압이라도 평형을 맞출 수 있는 작은 구멍이 필요하다. 대형 파사드 시공에서 가로와 세로 조인트는 커뮤니케이팅 배수 시스템으로 연계된다.

압력 몰딩의 특정 자재는 지지 프로파일 자재로 독립적으로 선택될 수 있다. 각 자재의 장점과 단점은 서로의 관계에 의해 평가되어야 한다. 알루미늄은 철보다 부식에 강해서 압출 압력 생산법에 의해 수월하게 가공된다. 부식을 방지

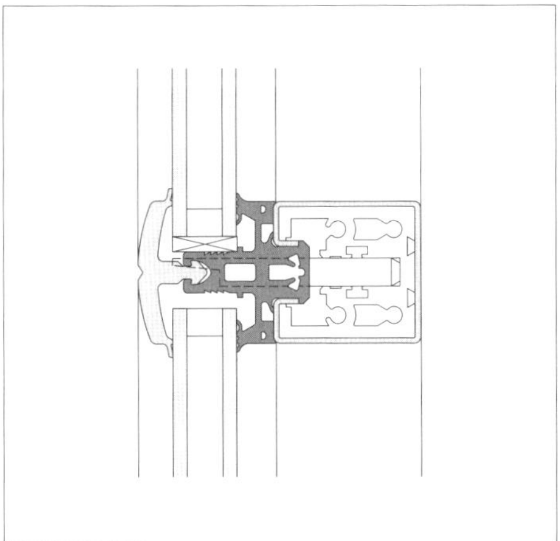
그림 38:
통합 몰딩 스트립 압력 몰딩 공법

그림 39:
압력 몰딩 공법을 사용한 파사드 시공

하기 위한 알루미늄 커버링이 결합되어야 한다.

압력 몰딩의 특정 형태로 통합 몰딩이 있다. 통합 몰딩은 압력 몰딩과 밀봉 프로파일의 기능을 결합한 영구 탄성을 가진 합성 몰딩이다. 〉 그림 36-39

4.4 포인트 마운팅 지지 공법

이 조립 방식의 장점을 매우 섬세하고 투명한 유리 표면을 선사한다는 것이다. 포인트 마운트를 사용하면 유리판은 측면 전체가 지지되는 것이 아니라 특정 지점만 지지된다. 직사각형이나 정사각형 유리판은 최소 네 코너를 지지한다; 더 큰 형태는 추가적인 포인트 마운트로 결속한다. 유리의 부분 장력은 매우 높아질 수 있다; 열처리 유리 (LSG, TSG)가 일반적으로 권장되며, 필수적으로 요구되기도 한다. 포인트 마운트 잠금장치는 클램프 마운트와 잠금장치 두 가지가 있다: 클램프 마운트는 유리를 관통하지 않으며, 잠금장치는 유리 천공이 필요하다.

클램프 마운트
Clamp mounts

클램프 마운트는 유리의 코너나 모서리를 클램프로 조여서 유리판을 고정한다. 알루미늄이나 스테인리스 스틸 소재로 정사각형에서 원형까지 형태는 다양하다. 〉 그림 40~44

설계와 시공 중에는 탄성 보호 레이어를 사용하여 금속과 유리의 직접적인 접촉을 피하도록 하는 것이 중요하다. 모서리 따기 작업으로 인한 변형이나 고정기기의 접촉 압력은 유리 파손의 원인이 될 수 있으므로 반드시 피하도록 한다. 클

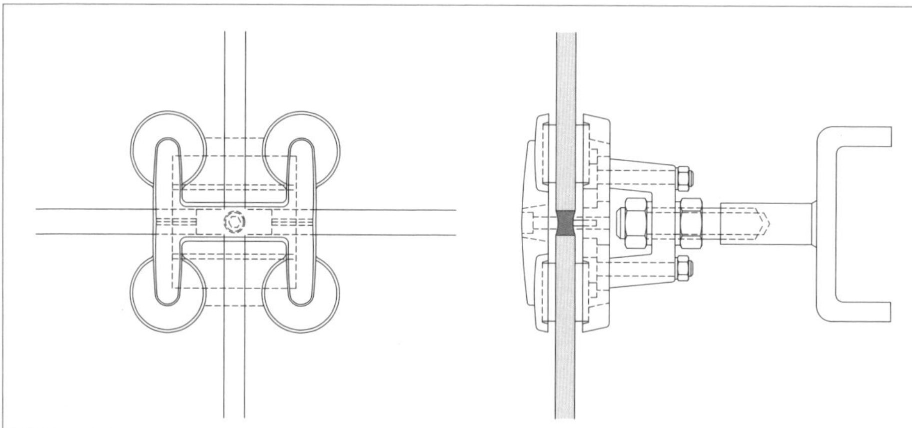

그림 40:
단판 유리용 원형 클램프 마운트

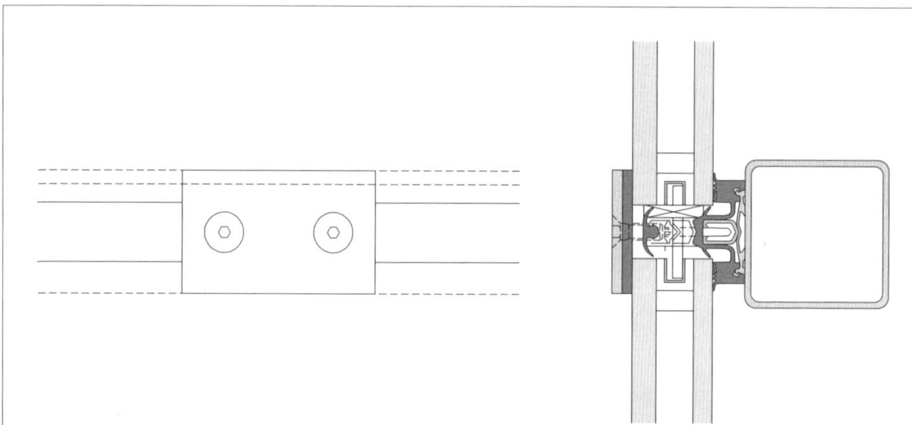

그림 41:
복층 유리용 직사각형 플램프 마운트

램프 마운트는 프로젝트에 따라 주문 제작되는 경우가 많다. 클램프 마운트 시공에 따라 유리 패널은 동일면 또는 비늘형 파사드가 형성된다. 유리에 면하는 클램프 면적은 1000mm^2 (최소 25 mm 의 유리 래빗 물림 깊이)보다 작아서는 안된며 예상되는 유리 장력에 의해 결정된다. 이 방식은 유리에 천공을 필요로하지 않기 때문에 클램프 마운트는 유리판 사이의 조인트에서 결합된다.

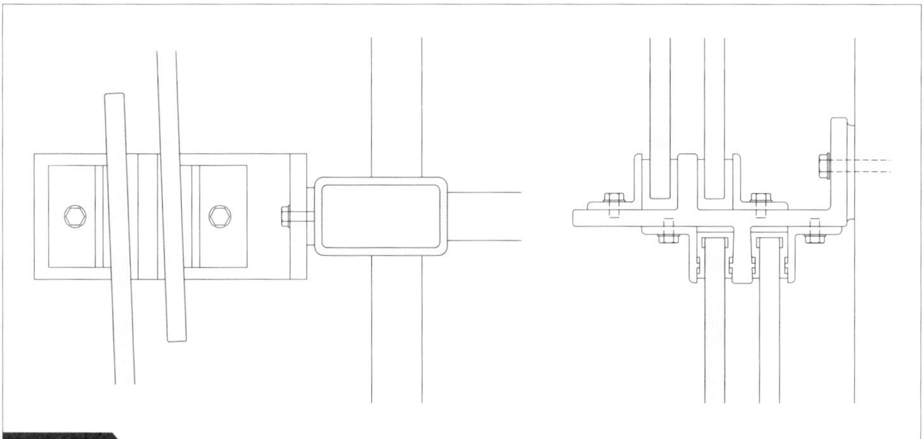

그림 42:
단판 유리용 비늘형 클램프 마운트(평면 마운팅 브라켓 포함)

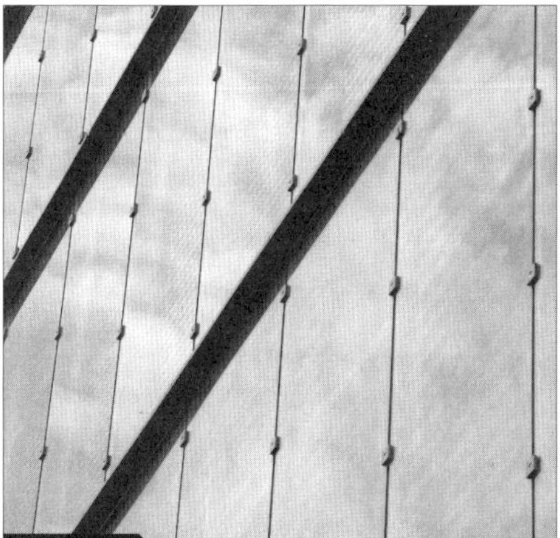

그림 43:
일반 파사드 클램프 마운트

그림 44:
비늘형 파사드 클램프 마운트

포인트 마운트 클램프는 선형지지 공법과 통합 가능하다. 이 경우 유리판은 연속 지지 몰딩에 놓여지고 일정 간격으로 몰딩에 대해 클램프로 압착된다.

천공 포인트 마운트
Point mounts in the borehole

천공 포인트 마운트는 유리 표면에 유리판을 고정시킨다. 이런 방식에 필수인 천공 작업은 클램프 방식에 비해 노동집약적이다. 다양한 형태의 포인트 마운트가 있다: 부착된 압력 디스크 (클램프 플레이트)를 가진 동일면 마운트 (평면 헤

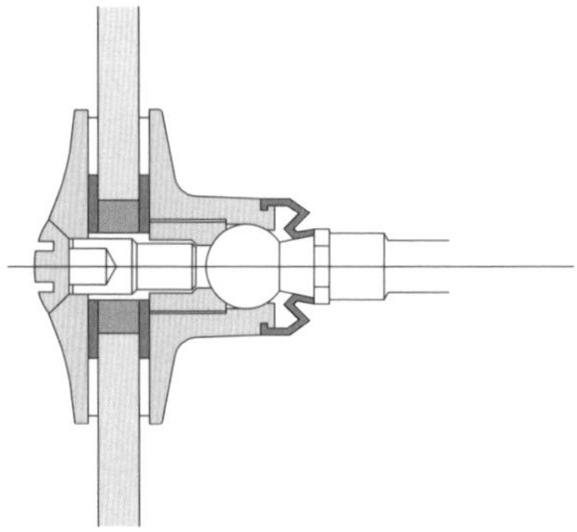

그림 45:
단판유리용 타원형 포인트 마운트와 디스크 레벨 외부의 복층 유리 핀 조인트

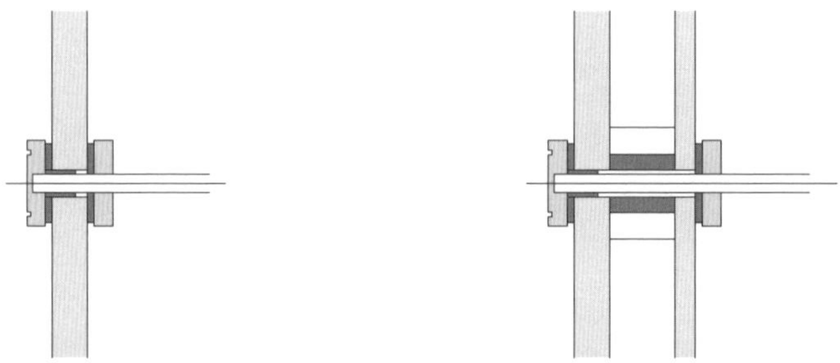

그림 46:
원통형 압력판 포인트 마운트 (단판 유리용과 복층유리용)

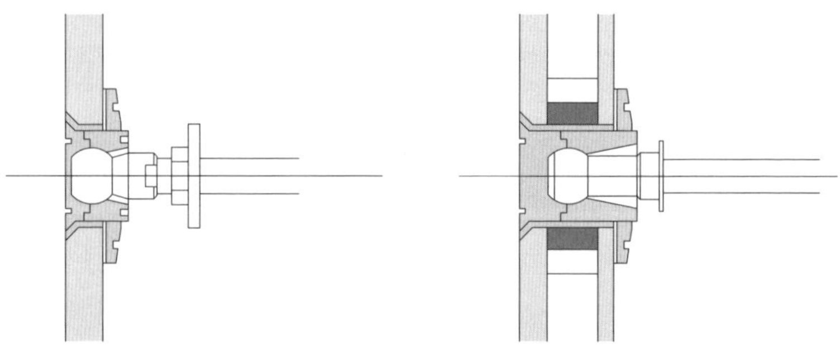

그림 47:
단판유리용 접시구멍 헤드 포인트 마운트와 동일면 복층 유리 핀 조인트 (플레이트 포함)

그림 48:
포인트 마운트 파사드

드)와 포인트 마운트, 렌즈모양 (타원형 헤드) 및 원통형 모양 등이 있다. 〉그림 45~48

천공 주변의 유리면이 이미 손상되고 드릴에 의해 약해져 있으며, 변형력하의 최대 장력을 견녀야 하기 때문에 이 시스템은 정확한 정역학 구조 계산이 필요하다. 천공 사이 또는 천공과 유리 모서리 사이의 최소 간격은 80 mm보다 작아서는 안 된다. 단열 유리의 경우, 유리판 사이가 수밀하게 하기 위해 드릴 홀 주변에 추가적인 모서리 밀봉이 요구된다. 천공 포인트 마운트는 정교하고 시간이 걸리는 작업이다; 유리 파사드와 지붕을 위한 특허와 허가 제품 사용이 일반적이다.

언더컷 앵커
Undercut anchors

언더컷 앵커는 포인트 마운트의 특별한 형태이다. 이 방식은 유리의 한 면만을 고정하므로 반대 쪽으로부터 조일 필요가 없다. 유리는 원뿔형 천공에 연성 원통을 클램프로 고정하여 지지된다. 〉그림 49

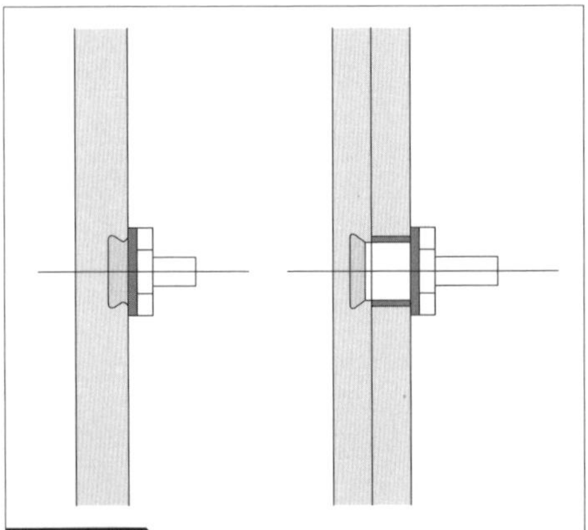

그림 49:
언더컷 앵커 시스템 (TSG & LSG)

그림 50:
4 포인트 조인트

구형 조인트를 가진 포인트 마운트는 유리 파사드 구조에 자주 활용된다. 이 방식은 유리판의 보잉에 의해 발생하는 큰 응력을 피하는 데 도움이 된다. 포인트 마운트는 하부 구조에 스터드 볼트로 고정된다. 하부 구조와 스터드 볼트는 유리판의 추후 고정을 돕고 치수 공차를 보상할 수 있도록 한다. 긴 슬롯이 있는 동일면, 철재 프로파일, 혹은 스테인리스 스틸의 4 포인트 조인트는 이 시스템에 적합니다. 〉 그림 50

4.5 유리 조인트와 유리 코너

유리 조인트
Glass joints

커버 몰딩이 가능하지 않다면 포인트 마운트 방식의 유리 모서리가 노출된다. 주차 빌딩이나 창고와 같은 제한된 기상 상태의 단판 유리 시스템에서, 유리 조인트는 개방된 체로 남아있을 수 있다. 이런 파사드는 시공상 좀 더 경제적이고 적정 환기를 제공한다. 복층 유리 파사드의 조인트는 밀봉할 필요가 있다. 유리는 온도가 높아지면 팽창하고 파사드는 바람에 의해 휠 수 있기 때문에, 조인트는 신축성이 있어야 한다.

밀봉 몰딩
Sealing moldings

밀봉 프로파일에는 두 가지 기본 종류가 있다. 첫째, 조인트에 EPDM/APTK나 실리콘의 밀봉 프로파일을 압착하는 방법이 있고, 둘째, 밀봉 프로파일에 스프레이 실란트를 외부로부터 적용하는 방법이 있다. 〉 그림 51~52 단열 또는 접합 유리에서 래빗은 증기압 평형과 배수를 위해 개방된 채로 두어야만 한다. 이는 유리 모서리의 장기 내구성을 보장한다. 또한 이 방법은 누수와 결로로 발생된 물이 한 곳에 오래 남아 있지 않도록 하며 배수 시스템을 통해 빠르게 외부로 배출되

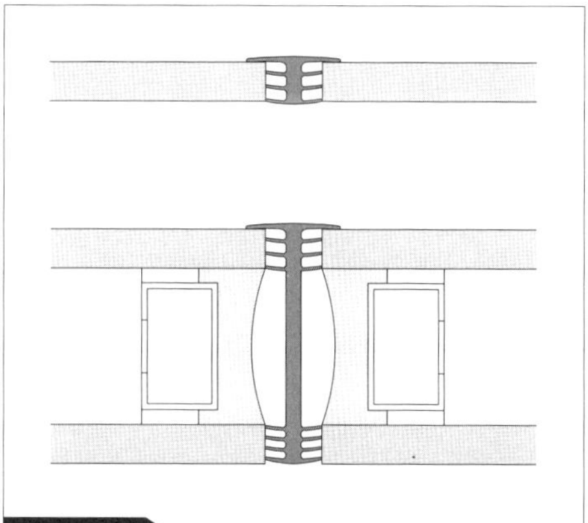

그림 51:
단판 유리 및 복층 유리의 밀봉 몰딩 조인트

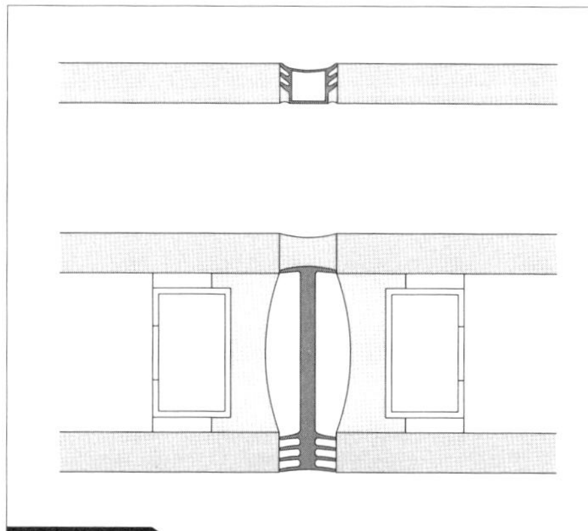

그림 52:
단판 유리 및 복층 유리의 실링 몰딩 및 습식 실링 조인트

도록 한다. 단열 유리의 노출 모서리 밀봉은 내자외선성이어야 한다. 내자외선 모서리 밀봉은 실리콘(다황화물 또는 폴리스틸렌보다)을 사용하여 제작하거나 실외면 유리판의 내부면 (표면 2) 과 모서리 밀봉 커버링의 사이에 일반적으로 검은 에나멜 스트립을 압착하여 만든다.

유리 코너
Glass corners

유리 코너의 원칙은 유리 조인트와 비슷하다. 증기압 평형과 실란트의 화학적 호환성을 사전 검토하고 확인한다. 유리 코너의 단열성능은 유리 자체보다 나쁜 편이고 결로 발생이 뒤따른다. 다양한 방법의 단열 유리용 무프레임 유리 코너 시공법이 있다. 아래에 제시한 방법들이 가장 일반적이다:

_ 불투명 코너: 코너를 단열 몰딩으로 채움 › 그림 53
_ 계단형 단열 유리 모따기 방식
_ 계단형 단열 유리 슬롯 방식

계단형 단열 유리의 적용 형태 중 특히 모따기 방식은 복잡하고 정확한 접합과 조인트를 필요로 한다. 그러나 연속되는 유리 표면의 조망이 코너에서 다른 자재에 의해 방해받지 않는다는 장점이 있다.

4.6 SSG (Structural Sealant Glazing)

SSG는 유리판이 접작제에 의해 접합되는 시스템이다. 이 특수한 형태의 선형 지지 방식은 허가를 필요로 한다. 따라서, 해당 건축 법규에 따라 개별 인증을

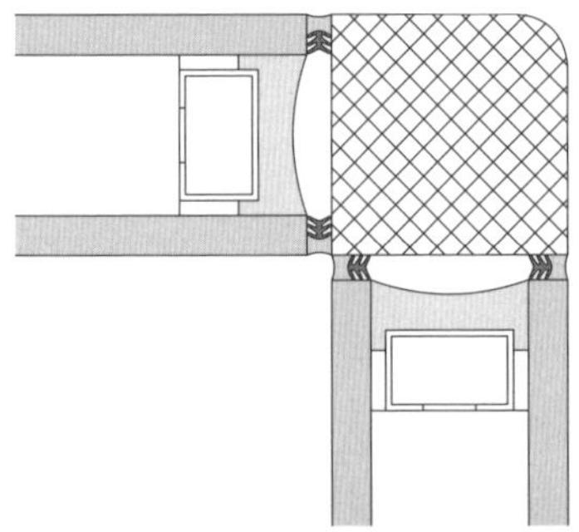

그림 53:
불투명 코너 부품

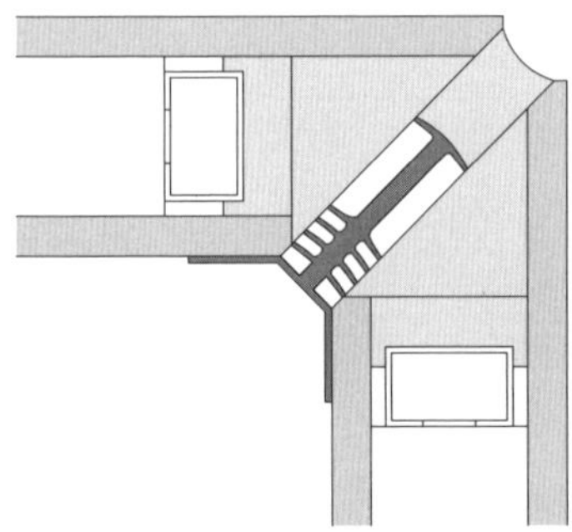

그림 54:
계단형 복층 유리 모따기 방식

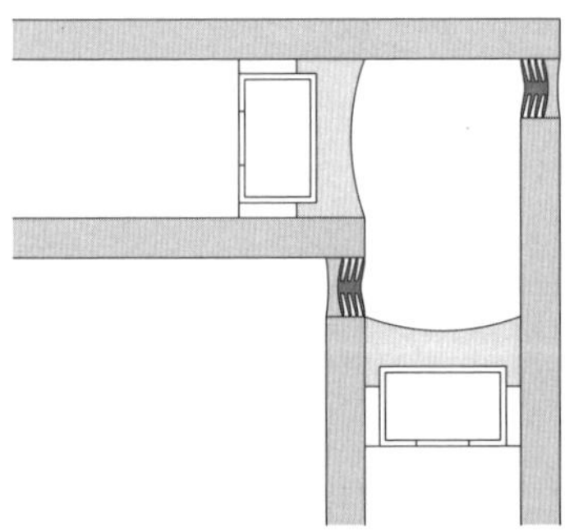

그림 55:
계단형 복층 유리 슬롯 방식

득하도록 한다. 유리판을 지지 프로파일에 고정된 금속 프레임(어댑터 프레임)에 접착하면 동일면의 무프레임 파사드면을 생성할 수 있다.

본딩
Bonding

본딩은 내풍성이 있다; 유리의 무게는 "고전적인" 세팅 및 로케이션 블럭 시스템에 의해 지지된다. 건축 사이트에서의 4변 본딩은 거의 시행되지 않는다. 먼지와 잔해가 없이 깨끗하고 정확한 기후와 온도 조절 환경을 갖춘 인가된 공장이 필요하다. 대부분의 경우 본딩은 유리 생산 직후 유리 공장에서 이루어 진다. 유리판은 완벽하게 기름기 없이 깨끗하고 건조한 상태여야 한다.

흡입 안전장치
Suction safeguarding

독일등 몇몇 국가에서는 8 m 이상 높이의 유리는 추가적인 금속재 풍흡입 안전장치가 요구된다. 유리간의 결합에 문제가 발생할 경우 낙하를 방지하기 위함이다. 본딩에는 까다로운 요구사항이 주어진다; 온도, 습도, 자외선, 미생물로 인한 부식과 같은 다양한 사항을 만족시켜야만 한다. 추가적인 흡입 안전장치는 본딩 시공법의 장기 지지력을 확신하기 힘들기 때문에 필요하다. 흡입 안전장치는 프레임 4면 또는 포인트 마운트로 고정된다. SSG 파사드의 본딩, 흡입 안전장치, 조인트 실란트, 단열 유리(계단형 단열 유리와 직접 절단 모서리)에 적용하기 위한 시스템들이 있다. 〉 그림 56~58

본드는 실리콘, 폴리우레탄과 호환 가능하다. 포인트 마운트 공법에서, SSG는 노출되는 모서리 본드는 자외선으로부터 보호되어야 한다. 본드 시공은 모든 유리 구조 뿐만 아니라 SSG에서의 활용이 증가하고 있다. 본드는 중요한 구조적 기능도 가능할 것으로 여겨지고 있다. 〉 적용

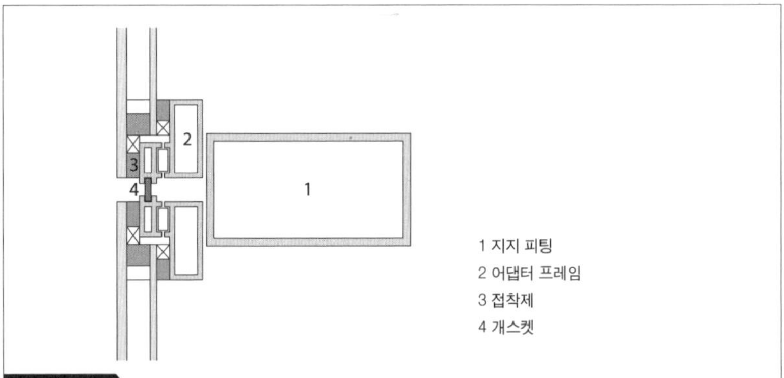

그림 56:
SSG - 계단형 복층 유리와 스페이서 갭

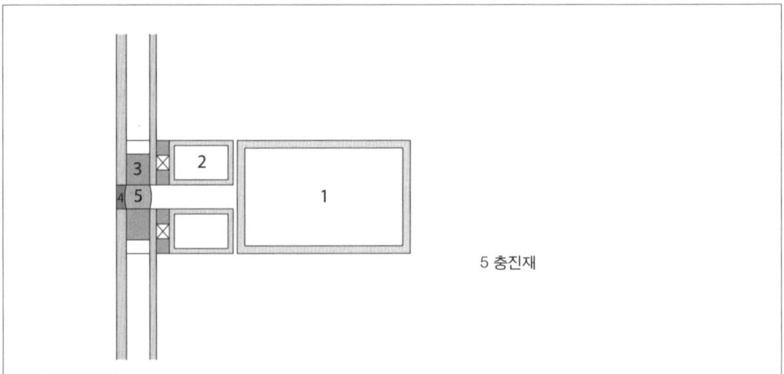

그림 58:
SSG - 자동 흡입 안전장치

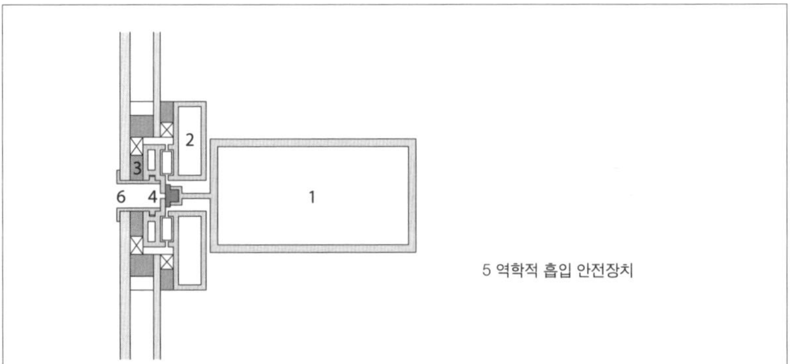

그림 57:
SSG - 실란트 조인트

5. 적용

5.1 수직시공

오버헤드용으로는 특정 종류의 유리만 허가되는 반면, › 시공과 조립 수직 시공에는 이론적으로 어떤 유리도 사용 가능하다. 그러나, 실제 설치되는 부위와 목적, 시공법에 따라 제약이 있다.

유리의 종류, 파손의 위험
Type of glass, risk of breakage

강화 안전 유리(TSG)와 안전 접합 유리(LSG)는 사고의 위험을 줄이기 위해 플로트 유리 대신 사용되곤 한다. 학교와 유치원의 동선 공간에 핸드레일이나 난간과 같은 다른 장치가 없다면, 유리와의 충돌 시 발생하는 위험을 줄이기 위해 안전 유리를 사용할 필요가 있다. TSG는 유리 파손의 위험을 줄이기 위해 실외에 사용되기도 한다: 공공 동선 공간 상부의 파사드, 또는 유리 4면 프레임이 불가능할 경우 특히 많이 사용된다. 모든 면에 선형 마운트가 없는 단순 유리 시공의 경우, 플로트 유리 대신에 HSG, TSG, LSG, 또는 필요하다면 철망 유리 사용이 권장된다. 많은 국가에서 이는 법규 사항이기도 하다. 유리가 4 m 이상의 높이에서 설치될 때, 열흡수 테스트를 통과한 강화 유리는 일반적인 TSG 대신 황화 니켈로 인한 자연 파손을 방지하기 위해 사용된다. › 건축 자재로서의 유리

포인트 지지 공법은 열처리 유리 사용을 전제로 한다.유리가 4 m 이상의 높이에서 설치될 때, 유리 손상으로 인한 개별 유리 조각의 낙하를 방지하기 위해, 복층 TSG 또는 복층 HSG로 구성된 안전 접합 유리의 사용이 일반적이다.

내력 성능, 부재 크기
Load bearing, size of elements

디자인과 기능의 기준과 별개로, 부재의 크기는 하중, 마운트의 종류, 유리의 종류에 따라 결정된다. 수직 유리 부재 계산 시, 부재 자중에 덧붙여, 풍하중(풍흡입과 풍압력), 기후(단열 유리 › 건축 자재로서의 유리), 특히 트래픽 하중 (예를 들어, 상점 유리의 수평 충격 응력)을 반드시 고려하여야 한다. 이론적으로 단판 유

\\ Tip:

높은 열 흡수 성능을 가진 코팅 유리나 착색 유리는 무색 일반 유리보다 태양에 의해 온도가 높아지게 된다. 따라서 이들은 열처리가 필요하다. 열처리는 50% 이상의 입사 복사열을 흡수하는 유리에 적용한다.

그림 59:
대형 단열 유리의 현장 설치

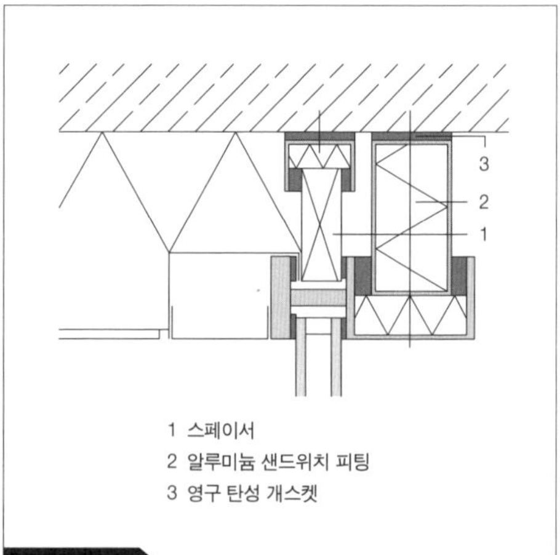

그림 60:
기둥-보 파사드의 천장 마운트

리와 3.21×6.00m (유리띠 규격) 크기의 단열 유리는 선형 마운트를 모든 측면에 사용하여 설치할 수 있다. 4면 선형 또는 4점 이하의 마운트인 경우, 가장 큰 포맷은 기본 유리띠 규격보다 상당히 작아진다. 왜냐하면 유리에서 더 큰 굽힘과 높은 장력을 흡수해야만 하기 때문이다. 유리의 무게는 크기를 제한한다: 단열 유리의 3×6 m 유리판은 2t이 족히 넘는다. 크고 무거운 유리 플레이트의 설치는 복잡하며, 유리 인양을 위한 대형 진공 리프터가 필요하다. 〉 그림 59

파사드 종류
Facade types

본질적으로 유리 파사드 종류는 기둥-보 파사드와 모듈러 파사드 두 가지로 나뉜다.

기둥-보라는 용어는 수직 부재(기둥)과 수평 부재(보)로 구성되는 파사드의 내력 구조에서 유래한다. 개별 기둥과 보는 용접이나 나사로 현장에서 조립된다. 유리는 이 하부 구조에 외부로부터 고정된다. 기둥-보 파사드는 장스팬을 가능하게 하지만 현장 조립으로 인해 모듈러 파사드보다 복잡하고 시간이 오래 걸린다는 단점이 있다.

모듈러 파사드는 공장에서 생산된 프리패브 부재-프레임, 유리, 여닫이창과 같은 모든 구조재를 통합-로 구성된다. 〉 적용, 개구부 프리패브 부재의 치수는 운송에 적합하도록 선정한다. 운송은 사용가능한 부재 자체의 크기도 제한한다.

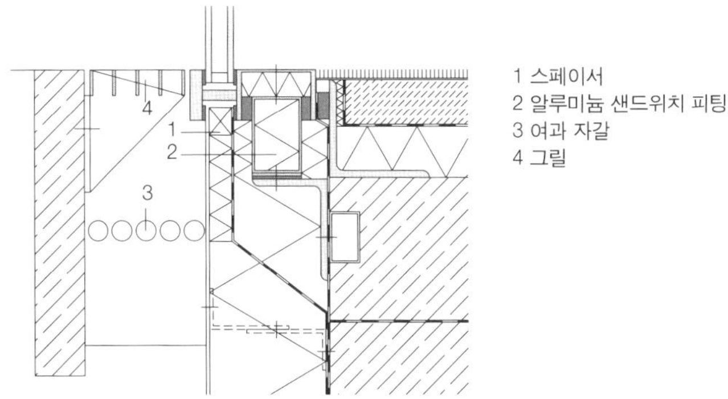

그림 61:
기둥-보 파사드 (싱글 레벨 베이스 마운트)

마운트 상세
Mounting details

지붕이나 바닥 구조 등 건축 부재에 접하는 유리 파사드를 결속시키기 위한 유리 마운트는 유리판에 추가적 하중을 발생시키지 않는 방식으로 시공되어야 한다.

지붕 마운트,
천장 마운트
Roof mount, ceiling mount

이런 이유로 유리 공사 유니트의 파사드는 플라스틱 스페이서 또는 알루미늄 샌드위치 피팅을 사용하여 천장에 연결된다. 고정으로 인해 발생되는 트래픽 부하 혹은 지붕의 움직임은 플렉시블 마운트에 의해 안정화된다. 밀봉과 파사드의 열분리층은 보호된다. 〉그림 60

베이스 마운트
Base mount

기둥-보 파사드의 베이스 마운트에 스페이서가 사용된다; 스페이서는 방수재와 함께 파사드 하부보에 연결되고 압력 몰딩 뒷쪽에서 고정된다. 밀봉과 파사드가 접한 곳은 물 관련 레이어보다 최소 15cm 상부에 위치시킨다. 실외에 면한 싱글 레벨 마운트의 경우 홈통의 배수를 확인하도록 한다. 〉그림 61

5.2 개구부

건물 외피의 개구부는 기능적으로 매우 중요하다. 게다가 개구부의 디자인은 전체적 관점에서 특히 중요하다. 유리 파사드의 경우, 개구부는 건물의 실내 환경 조절 기능이 가능하기에 역시 중요하다. 실내에 자연 환기를 유입하고, 즉, 지속적인 공기 온도 증가로부터 실내 온도 유지를 돕는다. 고전적인 여닫이창 뿐만 아니라, 추가적인 개구부 요소가 연속적 환기를 위해 유리 파사드와 유리 지붕

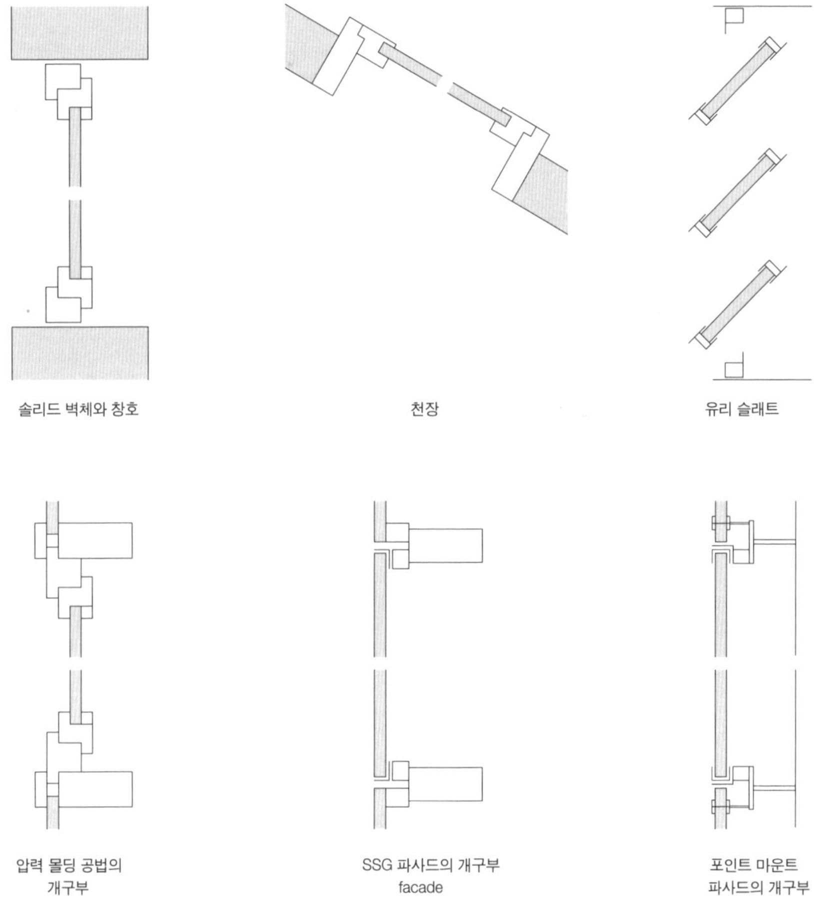

그림 62:
개구부 요소 개요

에 적용된다; 실내 온도에 따라 자동으로 제어될 수도 있다. 유리 파사드의 개구부 종류는 그림 62에 설명되어 있다. 〉 그림 62

벽체에서 창호 요소는 가장 단순한 유리 파사드의 본래 형태라 할 수 있다. 창호는 단일면으로 구성되거나, 몇 개의 고정부위와 열리는 부위(새쉬)로 나누기도 한다.

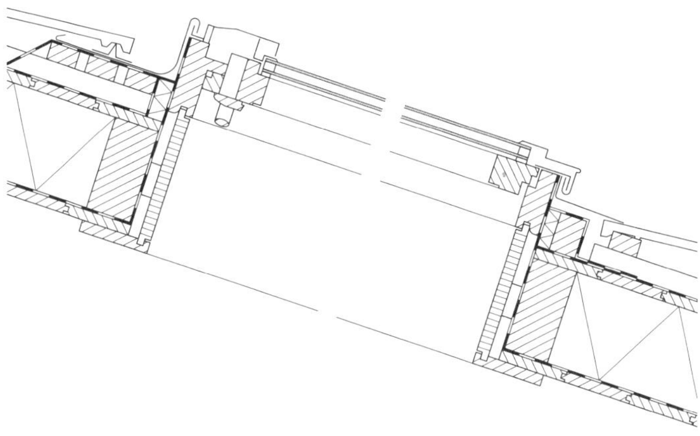

그림 63:
천창

천창은 천장 하부 실내에 빛과 환기를 제공한다. 천창에 사용하는 유리는 오버헤드용 요구 사항을 만족시켜야 한다. 천창은 배수를 원활히 하기 위해 항상 일정 각도로 설치한다. 〉 그림 63

유리 슬래트나 슬래트 창문은 요구되는 환기 단면을 정확하게 조절하여 실내 환기량을 제어할 수 있다. 프레임의 유무, 단판 유리와 단열 유리를 위한 다양한 종류의 슬래트가 있다. 〉 그림 64~65

여기서 다룬 개구부는 압력 몰딩과 통합될 수도 있다. 외부에서 보이는 개구부 프레임의 유리는 프레임과 압력 몰딩 지지로 교체한다.

\\ Tip:

다양한 개구부의 종류는 다음 책에서 찾아 볼 수 있다. 『파사드 개구부의 기초』, Roland Krippner, Florian Musso 저, Basel: Birkhauser Verlag, 2008

\\ Tip:

단판 유리의 슬랫은 조절 가능한 외부 차양으로 활용될 수 있다. 유리 표면은 목적에 따라 인쇄나 코팅이 가능하다. 태양광 셀을 슬랫에 융합하여 전기를 발전할 수도 있다.

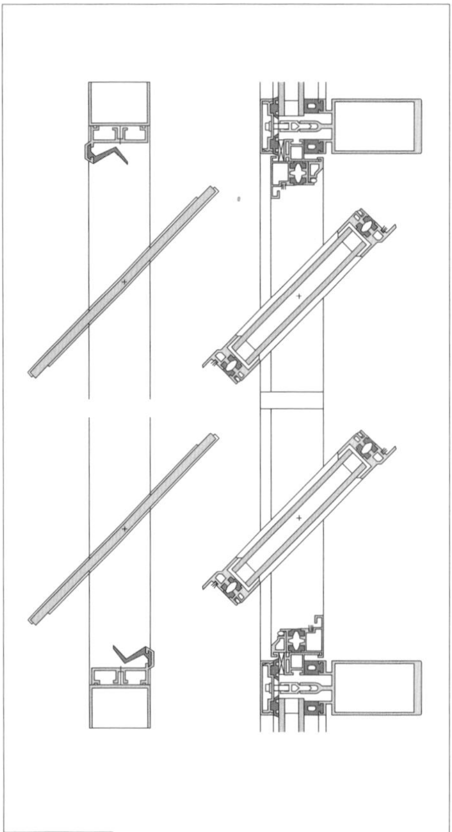

그림 64:
단판 유리와 복층 유리의 유리 슬래트

그림 65:
유리 슬래트 창호

SSG 파사드의 개구부에는 외부로 열리는 상단 고정 새쉬가 쓰인다. 이 방법은 프레임 없는 개구부 조망을 가능하게 하여 SSG 파사드를 매력적으로 만들어 준다. 〉그림 66

포인트 마운트 방식에서 개구부 요소의 통합은 특별한 도전이다. 섬세한 파사드 외관을 창호로 방해해서는 안된다. 단판 유리 파사드의 경우, 상단 고정 새쉬나 포인트 마운트 유리 슬랫이 적용될 수 있다.

단열 유리 파사드는 더 많은 노력을 필요로 한다. 프레임 제작의 어려움으로 인해, 밀봉 가능성, 충분한 단열을 확보해 줄 피팅이 매우 제한되어 있다. SSG 파사드에 상단 고정 새쉬 설치 할 수 있다.

그림 66:
SSG 파사드 개구부

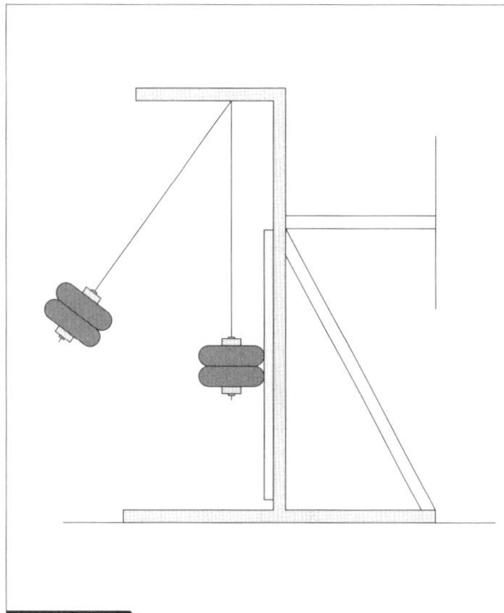

그림 67:
펜듈럼 충격 시험

5.3 낙하방지 시공

난간이나 난간대를 대체하는 유리 구조는 낙하 방지 관련 건축 법규의 요구 사항을 반드시 만족시켜야 한다. 적용 범위는 전면 유리 난간에서 선형 또는 포인트 마운트를 사용한 전층 유리면에 이르기까지 다양하다. 많은 국가에서 낙하 방지 시공의 안전성은 펜듈럼 충격 시험과 같은 동적 응력 테스트에 의해 검증하고 있다. 〉그림 67

이런 테스트는 다소 복잡하기 때문에 구조는 믿을 수 있다고 증명된 공법으로 검증된 방식으로 설계하여야 하며, 이런 경험적 방법을 적용함으로써 추후 응력 테스트를 생략할 수 있다. 낙하 방지 시공은 세 가지로 분류해 볼 수 있다:

고정 전층 유리면
Fixed full-height glazing

첫째, 개구부 새쉬, 핸드레일, 돌출 레일과 같은 수평 하중이 없는 고정 전층 유리면이 있다. 구조적인 측면에서 4면 선형 마운트가 가장 효과적인 솔루션이라 할 수 있다. 만약 이 방식이 불가능 하다면, 노출된 유리 모서리는 유리판 인접이나 벽체, 천장등의 건축적 인접 요소의 활용과 같은 방식으로 충격으로부터 보호되어야 한다. 2면 마운트 유리는 나머지 두 모서리가 그대로 놓여있기 때문에, 충격이 가해질 경우 상당히 휜게 된다. 따라서 유리를 충분히 넉넉하게 끼워서 유리판이 밖으로 빠지지 않게 한다. 포인트 마운트의 경우, 클램프 플레이트의 직경

그림 68:
전면 유리 난간

그림 69:
포인트 지지 난간대와 유리 마감

은 최소 50 mm 이상이어야 한다.

고정 내력 난간
Fixed, bearing balustrade

둘째, 클램프를 사용하여 하부 모서리에 선형 마운트로 고정하는 내력 유리 난간이 있다. 상부 모서리는 접착제를 사용한 피팅이나 연속 핸드레일 등을 사용하여 충격으로부터 보호해야만 한다. 후자는 하나의 유리판이 손상된 경우 수평 하중을 인접 유리판에 확실히 전달할 수 있도록 적합한 사이즈로 계획해야 한다. 고정 내력 난간에는 HSG 또는 TSG로 제작한 LSG가 적합하다. 〉그림 68

난간대와 유리 마감
Balustrade infill

셋째, 마지막 카테고리로는 파사드를 유리로 제작한 난간과 유리로 난간 사이를 채운 유리 난간이 있다. 수평 하중은 내력 핸드레일이나 가로대(파사드)에 의해 지지된다. 최소 두개의 마주보는 방향에서 포인트 마운트 또는 선형 마운트로 결속한다. 유리는 LSG 또는 TSG를 사용해야 한다. 〉그림 69

\\ 참고:
대부분의 경우, 낙하 방지 시공에는 안전 접합 유리를 사용한다. 포인트 마운트 공법에서는 HSG 또는 TSG로 제작한 LSG를 적용한다. 유리판이 파손된다면, 유리 접합과 높은 인열저항 강도를 가진 필름은 여전히 사람이 충돌했을 때 충분히 보호해 줄 수 있다.

\\ Tip:
높이가 법규로 규제되어 있는 내력 레일이 있는 고정 전층 유리면은 특수한 경우이다. 충격으로 인한 어떤 응력도 크게 흡수할 수 있는 원형 스테인리스 스틸 피팅을 내부에 설치한다. 이때, 유리의 두께는 외관의 변경 없이도 감소시킬 수 있다.

5.4 오버헤드 시공

내력, 치수
Bearing loads, dimensions

수직 시공과 같은 오버헤드 시공은 선형 또는 포인트 마운트가 쓰인다.

오버헤드 시공에서 구조 하중은 수직 공법보다 높다. 유리판 자중이 유리면에 수직으로 작용하고 있기 때문이다. 바람, 기상, 눈에 의한 하중 또한 충분히 고려되어야 한다. 이러한 증가된 응력으로 인해 부재의 포맷은 파사드면과 같이 오버헤드에서는 커질 수 없다. 넓은 유리 지붕의 경우, 관리나 청소를 위해 유리면 보행이 발생하므로 적재 하중 또한 고려해야 한다. 〉 적용, 보행량 제한 및 무제한 유리

추가로 유리 지붕은 우박이나 나뭇가지 낙하와 같은 충격에 견딜 수 있어야 한다. 따라서, 열처리 유리는 유리 지붕면의 상부 레이어로 사용된다. 포인트 마운트된 오버헤드 시공의 경우 필요한 두께는 하중 뿐만 아니라 잔류 지지력에 의해 결정된다. 플램프 마운트의 직경 치수도 마찬가지이다. 〉 표 7

〉

표 7:
인증 잔류 지지력을 고려한 포인트 마운트 오버헤드 시공 (직사각형 지지대 사용 시)

클램프 마운트의 직경(mm)	유리의 최소 두께 (mm) HSG로 제작한 LSG	지지대의 간격(cm) 방향 1	지지대의 간격(cm) 방향 2
70	2 ×6	90	75
60	2 ×8	95	75
70	2 ×8	110	75
60	2 ×10	100	90
70	2 ×10	140	100

\\ 참고:
엘리베이터 샤프트 외벽과 엘리베이터 카의 벽체를 유리로 시공하는 경우, 컨베이어 시스템의 안전한 운전을 확보하기 위해 추가적인 조치가 필요하다. 유리와 다른 면들시 서로 닿지 않도록 설치하여야 한다.

\\ 참고:
포인트 마운트 오버헤드 시공 시, 최소한 2×6 mm 두께의 HSG와 최소 1.52 mm 두께의 PVB 필름으로 제작한 LSG가 요구된다. 클램프 플레이트의 직경은 최소 60 mm 이상이어야 한다. 유리의 개방된 모서리 - 즉 유리 모서리와 포인트 마운트와의 거리는 최소 80 mm 이상이어야 하며 최대 300 mm 까지 가능하다.

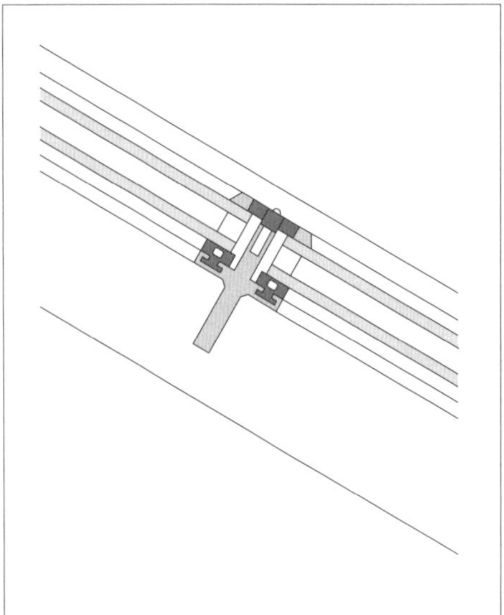

그림 70:
경사 압력 마운트

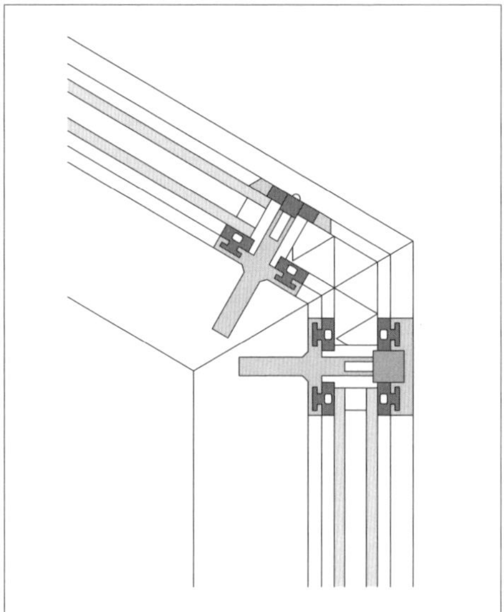

그림 71:
파사드 패널과 지붕 오버행이 없는 처마 조인트

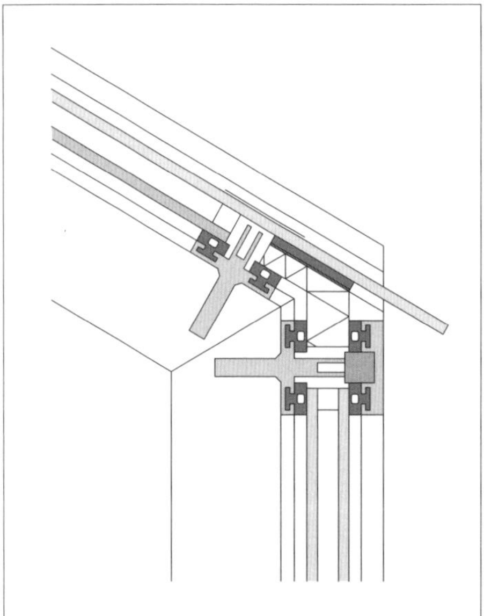

그림 72:
파사드 패널과 지붕 오버행이 있는 처마 조인트

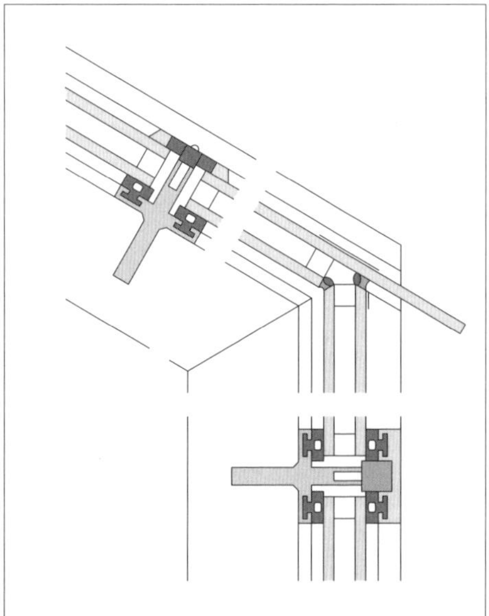

그림 73:
전면 유리 코너와 지붕 오버행이 있는 처마 조인트

지붕 배수
Roof drainage

유리면은 항상 물이 향하는 방향으로의 충분한 경사가 필요하다. 배수 홈통이나 인접 평지붕 방향으로 연결하는 게 보통이다. 압력 몰딩 (압력 몰딩 시공)은 물이 잘 흐를 수 있도록 경사를 두어 설치한다. › 그림 70

수직 유리면과 연결된 처마 조인트는 오버행을 설치 할 수도 있고 없앨 수도 있다. 만약에 오버행이 없다면 우수는 직접적으로 파사드로 흘러내리고 더럽히게 된다. 대형 유리 지붕은 홈통을 통해 배수되어야 한다. 그림 71~73

5.5 보행량 제한 및 무제한 유리

보행량 제한 유리
Glazing for restricted foot traffic

유지 관리와 청소를 위해 보행이 필요한 오버헤드 유리는 스텝-온 유리라고 부른다. 스텝-온이라는 이름에도 불구하고, 동시에 유리 위를 통행할 수 있는 사람수는 몇몇 관리인으로 한정된다. 유리의 구조적인 강도 뿐만 아니라, 미끄러짐 방지를 위한 조치도 계획해야 한다. 지붕의 경사가 20도보다 크면 안전 후크를 설치해야 한다. 유리는 내충격과 잔류 지지력 인증을 받은 LSG를 사용하여야 한다. 단열 유리의 상부 유리판은 LSG보다 TSG 이 권장된다.

보행량 무제한 유리
Glazing for unrestricted foot traffic

보행량 무제한 유리는 보행량 제한 유리와는 다르게 대중들의 접근이 허락되고, 이로 인해 상당히 높은 트래픽 하중이 요구된다. 일반적으로 최대 5.0 KN/m2 로 추정된다. 보행용 유리는 대게 두께 30 mm 이상의 LSG를 사용한다. 유리는 세개의 유리판으로 구성된다. 상부는 내충격 표면을 제공하고 다른 두 유리판을 손상으로부터 보호하기 위해 TSG 또는 HSG를 사용한다. 지지 기능은 두 개의 아래 유리판이 담당한다. 이것이 마감 유리판의 손상에도 보행에 충분한 강도를 유지하는 이유이다. › 그림 74

미끄럼 방지
Skid-proofing

표면은 미끄럼 방지 처리를 하거나 유리면 전체 혹은 부분에 거친 표면을 만드는 특수 세라믹 프린트를 하도록 한다. 미끄럼 방지가 되는 거친 표면은 에칭으로도 제작 가능하다. 보행용 유리는 일반적으로 양면 또는 4면의 선형 마운트를 사용한다. 전에는 지지구조에 볼트로 고정해야만 했다. 유리판은 내압 탄성 지지대에 최소 30 mm 이상 삽입하여 얹는다. 유리 대 유리 또는 유리 대 금속의 접촉면은 스페이서를 이용하여 방지한다. 보행에 적합한 유리는 바닥 구조의 실내 계단 등에 사용된다. 높은 트래픽 하중은 모서리 결합 부위로 이동되지 못하기 때문에 보행용 단열 유리 시공법은 복잡해진다. 일정한 장력에 의해 모서리 결합이 손상된다면 경량 보행용으로 사용한다. 박물관의 전시 부위를 비추는 경량 보행용 유리는 복층 지붕 구조와 같이 시공된다. 열 분리가 요구되는 단열 유리는 경량 트래픽에 적합한 유리 하부의 두번째 층에 쓰인다. › 그림 75

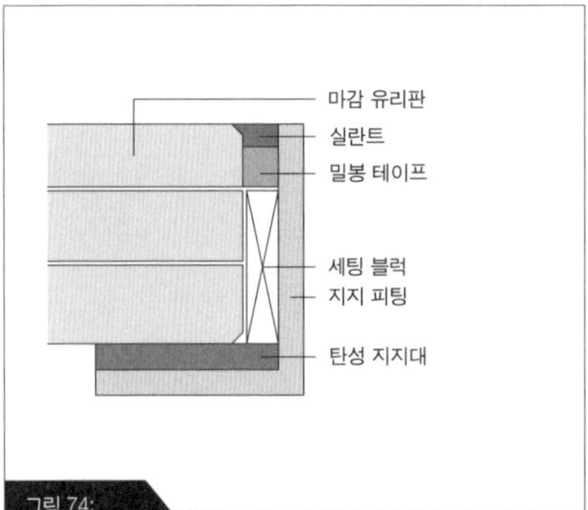

그림 74:
보행용 유리 구조

그림 75:
보행량 무제한 유리

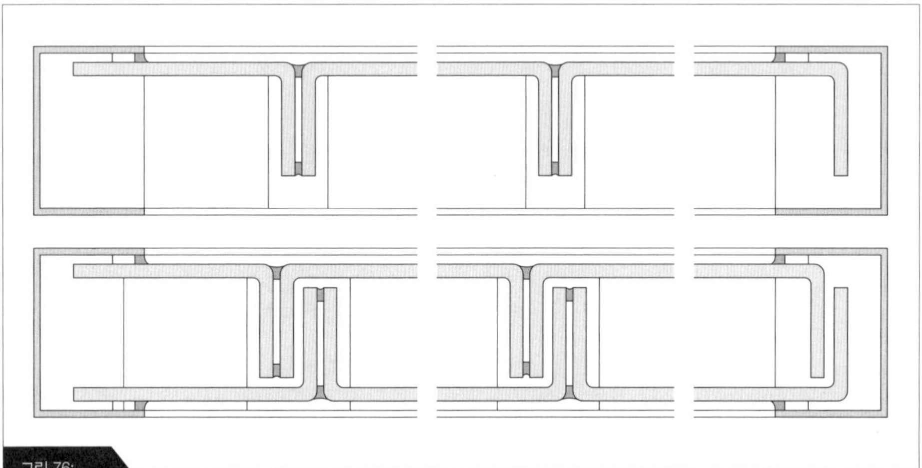
그림 76:
프로파일 유리, 단층 및 복층 시공

5.6 프로파일 유리

프로파일 유리의 장점은 하중을 감당하기 위한 파사드 하부구조가 필요하지 않다는 점이다. 단단한 유리 프로파일은 창살없이 넓은 면적에 유리를 설치할 수 있게 해 준다. 프로파일 유리는 수평 또는 수직으로 설치될 수 있다. 부착과 하중 전달의 목적으로 프로파일은 약 50 mm 깊이의 알루미늄 프레임에 삽입된다.

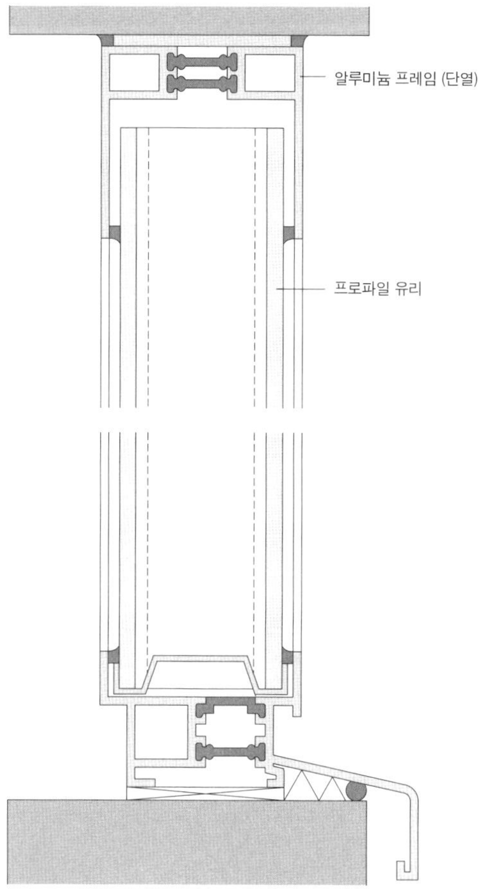

그림 77:
단열 프로파일 유리 구조

프로파일 유리는 단층 또는 복층으로 설치될 수 있다. 〉 그림 76

열 분리
Thermal separation

열 분리 유리 파사드는 복층 유리만 가능하다. 유리 프로파일은 서로 마주보게 설치된다. 세팅 블럭과 실란트는 조인트에 적용된다. 복층 파사드에 열 분리 프레임을 사용하는 것이 합리적이다. 〉 그림 77

그림 78:
투명 단열재가 충진된 프로파일 유리

그림 79:
프로파일 유리 파사드 예시

단열 유리 프로파일 사이의 공간은 가능한 만큼 제습될 수 없기 때문에 습 공기를 배출하여 결로를 방지할 수 있는 외부 개구부 계획을 수립하여야 한다. 프로파일 유리는 구조적 성능과 안전성을 향상시키는 열처리가 가능하다. 열처리 프로파일 유리는 약 7m 길이까지 가능하다. 유리 생산 과정에서의 분리 방지를 위해 철망을 삽입하기도 한다. 이런 프로파일 유리의 열처리는 불가능하다.

표면 디자인, 코팅
Surface design, coating

다양한 종류의 표면 디자인을 가진 프로파일 유리 제작이 가능하다. 생산 과정의 결과로 매끄러운 프로파일 유리의 표면은 플로트 유리만큼 고르지는 못하며 투명도도 떨어지게 된다. 〉 그림 80 프로파일 유리는 단열 코팅, 태양광 조절 코팅 등의 코팅 버전도 가능하다. 프로파일 유리의 복층 구조에서 단열 코팅은 내측 유리에 하는 반면, 태양광 조절 코팅은 외측 유리에 처리한다. 프로파일 유리에 투명 단열재를 충진하기도 한다. 〉 그림 78~79

투명 단열 충진재는 자연광 확산을 위해 유리면 사이의 공기층에 삽입하는 캐필러리 충진재를 대신한다. 이러한 효과는 스포츠 시설, 작업장, 박물관, 스튜디오와 같은 무엇보다도 고른 확산광과 현휘 방지를 요구하는 건물에 사용된다.

그림 80:
투명 프로파일 유리

그림 81:
선형 유리 파사드와 유리 지지 구조

그림 82:
포인트 마운트 유리 파사드와 유리 지지 구조

그림 83:
유리의 지지 그리드

5.7 유리 지지 구조

현대의 비물질화 구조는 최근 10여년의 빌딩 자재로서의 유리에 관한 기술적인 진보를 반영한다. 건물에서 유리는 더 이상 외피로서 머물지 않고 구조 기능을 물려받기 시작했다. 무제한 보행을 위한 유리는 이미 소개되었으나 그 하부 구조는 일반적으로 유리로 만들지 않는다. 1990년대부터 유리 빌딩은 지지 구조를 위한 주요 건축 자재로서 유리를 도입하여 지어지고 있다. 구조 보강 및 풍하중 흡수를 위한 유리 파사드의 지지대나 기둥 역시 유리로 제작되고 있음을 의미한다.

평판 유리보
Beams of flat glass

철 또는 나무 프로파일보다, 예를 들어 안전 접합 유리의 가는 블레이드는 지지 구조를 형성한다. 파사드에서와 같이 지붕의 지지 부재 또한 유리로 제작될 수 있다. 최대 투명도와 실내 중정 또는 실내의 조도를 확보해 준다. 〉그림 81~83

그림 84:
건물 사이의 유리교

그림 85:
유리 인도교 디테일

지속적으로 발전하는 혁신적인 공법은 전면유리 빌딩의 수를 꾸준히 증가시키고 있다. 다리를 연결하는 유리, 유리 계단, 유리관의 실험적인 지지, 아치와 외피 지지 시스템 등을 예로 들 수 있다. › 그림 84~87

내력 유리 튜브
Bearing glass tubes

붕규산염 유리 튜브는 훌륭한 구조적 특성을 가능케 하는 단면을 지니고 있고 특히 높은 압축력을 흡수하는데 적합하다. 이러한 유리는 건축에서 콘크리트, 철, 나무 지지대를 대체할 수 있다. 튜브의 단면에 고르게 힘을 분포시키는 역할을 하는 튜브 끝의 철제 부품에 특별한 주의를 기울여야 한다. 하중은 유리의 단면에서 전달되는 전단력과 벤딩 모멘트를 방지할 수 있는 볼 조인트를 통해 인접 빌딩 부재로 전달된다.

외피와 아치 지지 구조
Shell and arch supporting structure

특히 벤딩 모멘트가 아닌 주로 압축력을 담당하는 지지 구조, 예를 들어 아치, 돔, 외피와 같은 형태의 지지 구조에는 압축강도가 인장강도보다 훨씬 큰 유리를 사용해야 한다.

유리 지지 구조 계산
Calculating glass supporting structures

원하는 개발을 위한 필수조건으로는 첫째, 유리 쉬트 가공의 TSG, HSG, 다중 LSG로의 새로운 가능성이었다. 이 새로운 종류의 유리들은 내구성과 시공의 잔류 지지력을 매우 향상시켰다. 둘째, 가장 최근의 방법 중에서 이러한 발전

그림 86:
접착 유리 계단

그림 87:
접착 유리 계단 상세

은 실험과 계산을 통해 유리의 내력 거동을 사전 결정할 수 있게 되었기 때문에 가능했다. 유연하게 변형됨으로서 높은 장력을 감소시키는 철과 같은 연성 소재와는 반대로, 높은 장력이 작용하는 지점은 유리 자연 파손의 원인이 된다. 특정 유리판의 하중 한계는 결정하기 쉽지 않다. 왜냐하면, 스크레치, 모서리의 작은 손상 등, 이미 얼마나 손상되어 있는가에 달려 있기 때문이다. 따라서, 허용 장력은 실제 유리판의 하중 한계보다 훨씬 낮게 책정되는 경우가 대부분이다. 이는 자연 파손으로부터 충분한 안전도를 확보해 주지만 전면 유리 시공이 이론적으로 가능한 것 만큼 섬세하지 않다를 의미이기도 하다.

커넥터
Connectors

전면 유리 시공에 있어 특히 어려운 점은 일반적으로 유리 쉬트 자체에서 힘을 다른 방향으로 전환하는 것이 아니라 힘을 하나의 부재에서 다른 부재로 전달한다는 점이다. 그런 전달지점이 있는 부위에는 고전적인 역학적 커넥터(포인트 또는 클램프 마운트) 또는 접착 커넥터를 조인트로 사용한다. 접착 커넥터는 유리에 하중을 고루 분포시킨다는 장점이 있다. 접착면의 하중 전달성능은 습기, 온도, 노화와 같은 외부 영향으로 인해 감소된다. 실제는, 고온 용융 접착 포일과 같은 고강도 접착제가 개발되었음에도 불구하고, 실리콘 접착제가 일반적으로 적용된다. 유리보는 접합 유리로 제작되는데, 대게 삼중 또는 더 여러겹의 TSG, HSG 유리를 사용한다. 실외에 면하는 유리판은 보호를 담당하고, 내부 유리판들은 실질적인 지지기능을 담당한다. 현재로서는 이런 공법에 관한 국제적인 기준은 없기 때문에 국가별로 건축 법규는 상당히 다르다.

전면 유리 구조의 기술적인 한계는 재료의 강도에 의해서 뿐만 아니라 이러한 유리 제작이 가능한지에도 달려있다. 대부분의 프로세싱 공장은 길이 7m ,두께 80 mm의 안전 접합 유리 생산이 가능하다. 더 긴 길이를 원할 경우 특수 사이즈를 제작할 수 있는 오토클레이브가 필요하다. 이 시스템은 일부 회사만이 보유하고 있다.

6. 결론

부르노 타우트(Bruno Taut, House of the Sky, 1920)나 미스 반 데어 로에(Ludwig Mies van der Rohe, glass high-rise project, Berlin 1921)의 비전은 건축가의 유리에 대한 매혹을 증명하고 있다. 거의 90년이 지나 모더니즘 시대의 건축 자재는 현대 건축 자재가 되었다.

기후 변화로 인하여, 건축가의 환경적 책임이 그 어느 시대보다 막중해 졌다. 빌딩의 에너지 소비량이 제한되고, 효과적인 단열성능과 태양광 조절 기능을 갖춘 새로운 유리의 종류는 단열 유리 외피를 제작하는 핵심 요소이다. 건물이 얼마나 기후에 영향을 받는지에 대한 현실적인 시뮬레이션을 위한 컴퓨터 프로그램의 도움과 기존 빌딩 자료로 부터 얻어진 지식을 가지고, 유리 파사드는 빌딩 에너지 개념을 충족시키는 일부분이 되었다. 최근들어 유리는 디자인 영역에서도 새로운 형태를 창조하는 소재로 사용되고 있다. 비물질화와 투명성은 더이상 유리 건축의 유일한 목적이 아니다. 유색 유리나 반투명 유리의 "물질화" 또한 인기있는 디자인 도구가 되었고 다양한 제품이 생산되고 있다.

진공 단열 유리와 자동 클리닝 표면과 같은 전환 가능한 레이어로서의 기술적인 혁신은, 십중팔구 미래에는 더 중요한 역할을 담당하게 될 것이다. 유리 기술의 진화는 결코 현재가 끝이 아니다.

건축 자재로서의 유리, 그 가능성으로 유리를 미래에도 흥미롭고 신나는 잠재력이 있는 소재로 남겨질 것이다.

STANDARDS, GUIDELINES, REGULATIONS

Glass as material

EN 572	Glass in building–Basic soda lime silicate glass products
EN 1051	Glass in building–Glass blocks and glass pavers
EN 109	Glass in building–Coated glass
EN 1279, parts 1 - 6	Glass in building–Insulating glass units
EN 1863	Glass in building–Heat strengthened soda lime silicate glass
EN 1215	Glass in building–Thermally toughened soda lime silicate safety glass
EN 1417	Glass in building–Heat soaked thermally toughened soda lime silicate safety glass
EN ISO 12543	Glass in building–Laminated glass and laminated safety glass
ASTM C1048-0	Standard Specification for Heat-Treated Flat Glass–Kind HS, Kind FT Coated and Uncoated Glass
ASTM C1172-0	Standard Specification for Laminated Architectural Flat Glass
ASTM C1376-03	Standard Specification for Pyrolytic and Vacuum Deposition Coating on Flat Glass
ASTM C1464-06	Standard Specification for Bent Glass

Thermal protection

EN 673	Glass in building–Determination of thermal transmittance (U value)

Sun protection

EN 410	Glass in building - Determination of luminous and solar characteristics of glazing
ISO 9050: 2003	Glass in Building–Determination of light transmittance, Solar direct transmittance, total solar energy transmittance, ultraviolet transmittance and related glazing factors

Security	
EN 356	Glass in building – Security glazing – Testing and classification of resistance against manual attack
EN 1063	Glass in building – Security glazing – Testing and classification of resistance against bullet attack

Fire protection	
EN 357	Glass in building – Fire resistant glazed elements with transparent or translucent glass products – Classification of fire resistance
EN 13501-1	Fire classification of construction products and building elements – Part 1: Classification using data from reaction to fire tests

Statics, stability	
EN 13022	Glass in building – Structural sealant glazing
EN 13474	Glass in building – Design of glass panes
ASTM E2358-04	Standard Specification for the Performance of Glass in Permanent Glass Railing Systems, Guards and Balustrades
ANSI Z97.1-2004	Approved American National Standard – Safety Glazing Materials used in Buildings – Safety Performance Specifications and Methods of Tests
EOTA	Guideline for European Technical Approval for Structural Sealant Glazing Systems (SSGS)

참고문헌

Achilles, Andreas. Coloured Glass: Manufacture, Processing, Planning. *Detail: Review of Architecture and Construction Detail* 2 (2007): 184 - 87.

Button, David, and Brian Pye, eds. *Glass in Building.* Oxford 1993.

Compagno, Andrea. *Intelligente Glasfassaden/Intelligent Glass Façades: Material Anwendung Gestaltung/Material, Practice*, Design. 5th ed. Birkhäuser Verlag, 2002.

Krippner, Roland, and Florian Musso. *Basics Facade Apertures.* Basel: Birkhäuser, 2008.

Kruft, Hanno-Walter. *A History of Architectural Theory: From Vitruvius to the Present.* London: Zwemmer; New York: Princeton Architectural Press, 1994.

Rice, Peter, and Hugh Dutton. *Structural Glass*, London; New York: E & FN Spon, 1995.

Schittich, Christian, ed. *Building Skins.* Munich: Edition Detail; Basel: Birkhäuser, 2006.

Sobek, Werner. "Glass Structures." *The Structural Engineer* 83/7 (April 2005).

Staib, Gerald, Dieter Balkow, Matthias Schuler, and Werner Sobek. *Glass Construction Manual.* Munich: Edition Detail, 2006.

Weller, Bernhard, and Thomas Schadow. "Structural Use of Glass." *Detail: Review of Architecture and Construction 2* (2007): 188 - 90.

Wurm, Jan. *Glass Structures: Design and Construction of Self-Supporting Skins.* Basel: Birkhäuser Verlag, 2007.

그림출처

그림 2, 4, 8, 17, 18, 19, 20, 21, 22, 29, 31: photographer: Martin Lutz (Akademie der Bildenden K¸nste), Stuttgart; copyright: Andreas Achilles, Jürgen Braun, Peter Seger, Thomas Stark, Tina Volz, Stuttgart

그림 3, 그림 24, 25 (Cineplexx Salzburg); 그림 26, 27, 78; 그림 79 (IHK Würzburg);

그림 80 (Uni-Klinik Hamburg): Glasfabrik Lamberts GmbH & Co. KG, Wunsiedel

그림 23: Saint-Gobain Glass Deutschland GmbH, Aachen

그림 28 (Landeszentralbank Meiningen): Schott AG, Mainz

그림 30 (Technologie und Innovationszentrum Grieskirchen); 그림 66 (Douglasgebäude Linz); 그림 82 (Palais Coburg, Vienna): Eckelt Glas GmbH, Steyr

그림 36: Schüco International KG, Bielefeld

그림 37, 38, 40, 41, 42: Institut für internationale Architektur-Dokumentation GmbH & Co. KG, Redaktion Detail, Munich

그림 44 (Kunsthaus Bregenz): Hélène Binet, London

그림 59: Siegfried Irion, Stuttgart

그림 83 (Technische Universität Dresden): Institut für Baukonstruktion, Technische Universität Dresden, Dresden

그림 84, 85 (Glass bridge, Schwäbisch Hall): Glas Trösch Beratungs-GmbH, Ulm-Donautal

그림 86 86 (Glasstec Düsseldorf): René Tillmann, Düsseldorf

그림 87: Andreas Fuchs, Universität Stuttgart IBK Forschung und Entwicklung, Stuttgart

그림 1, 5, 6, 7, 9, 10, 11, 12, 13, 14, 15, 16, 32, 33, 34, 35; 그림 39 (LBBW highrise, Stuttgart); 그림 43 (Kronen Carré, Stuttgart); 그림 45, 46, 47; 그림 48 (office building on Königstraße Stuttgart); 그림 49, 50, 51, 52, 53, 54, 55, 56, 57, 58, 60, 61, 62, 63, 64, 65, 67, 68, 69, 70, 71, 72, 73, 74, 75, 76, 77; 그림 81 (Kunstgalerie Stuttgart): Andreas Achilles, Diane Navratil, Stuttgart

역자 소개

양원영

· 한양대학교 건축공학과 공학사 '98

· 펜실베니아 주립대 음향대학원 공학석사 '02

· 브리티쉬 콜럼비아대 환경학박사 '06

· 캐나다 국립 연구원 재직

· 삼성물산 기술연구센터 재직(現)

Basics

GLASS CONSTRUCTION

유리 구조의 기초

Andreas Achilles · Diane Navratil 저

양원영 옮김

1판 발행 2012년 1월 31일 발행

발행인 겸 편집장 김기현

발행처 시공문화사 ***Spacetime***

등 록 1993년 3월 12일

주 소 서울시 서대문구 현저동 200 극동빌딩 5층

전 화 02) 3147-1212, 2323

전 송 02) 3147-2626

ISBN 978-89-5592-210-3

http://www.spacetime.co.kr

spacetime@korea.com

정가 9,500원

최근의 건축 법규들과 기준들, 그리고 재료와 기술에 있어서의 발전들을 그 기초로 활용함으로써, 이 책은 터파기와 기초공사부터 내 · 외장 마감공사까지 전 범위의 시공 활동들을 다루며 경량 목조 프레임, 조적조 내력벽, 철골, 그리고 철근콘크리트 구조와 같은 일반적인 시공 체계들을 살펴본다.

FIFTH EDITION

건 축 설 계 자 를 위 한

건축시공 및 재료학

Fundamentals of Building Construction

Edward Allen and Joseph Iano 지음 이한승 대표역자

WILEY

Spacetime